清风传家 严以治家

杜刚 朱世方 ◎ 编著

天下之本在家，家是最小国，国是千万家。
家庭清风正气，国家廉洁兴盛。

好家风，是最珍贵的"传家宝"，要传承、接续，发扬光大；
好家风，是幸福生活的原动力，应学习、宣传，身正为范。

人民日报出版社

图书在版编目（CIP）数据

清风传家　严以治家 / 杜刚，朱世方编著.—北京：
人民日报出版社，2021.9
ISBN 978-7-5115-7121-2

Ⅰ.①清… Ⅱ.①杜… ②朱… Ⅲ.①家庭道德–中国–通俗读物 Ⅳ.①B823.1-49

中国版本图书馆 CIP 数据核字（2021）第 173122 号

书　　名：	清风传家　严以治家
作　　者：	杜　刚　朱世方
出 版 人：	刘华新
责任编辑：	刘天一
封面设计：	陈国风
出版发行：	人民日报出版社
地　　址：	北京金台西路 2 号
邮政编码：	100733
发行热线：	（010）65369527　65369846　65369509　65369510
邮购热线：	（010）65369530　65363527
编辑热线：	（010）65369844
网　　址：	www.peopledailypress.com
经　　销：	新华书店
印　　刷：	北京柯蓝博泰印务有限公司
开　　本：	170mm×240mm　　1/16
字　　数：	150 千字
印　　张：	14
印　　次：	2021 年 11 月第 1 版　　2021 年 11 月第 1 次印刷
书　　号：	ISBN 978-7-5115-7121-2
定　　价：	56.80 元

前言

《孟子》有云:"天下之本在国,国之本在家。"家庭是国家和社会的根本,因为我们每个人都从家庭中来,当我们进入社会,建设国家时,我们的价值观、道德修养、言谈举止无不带着深刻的家庭烙印。如果一个人在家庭中养成了美德嘉行,那么他带给社会的将是一缕"清风";如果一个人在家庭中沾染了恶习,那么他带给社会的必定是一股"浊流"。

想要在社会和国家中吹起廉洁的"清风",就要从家庭入手,用优良家风影响每一个人,每一位党员干部。廉洁清正的家风犹如一帖"良药",可以让党员干部走"正道"、做"正事"、立"正言",还可以在党员干部背后筑起一道坚不可摧的廉洁防线。

对于国家和社会而言,家风建设是党风建设、政风建设、社会风气建设的第一步。"千里之行,始于足下。"唯有建设清廉家风,才能做好廉政建设,净化社会风气。

对于个人而言,家风建设是提升个人素质的最佳途径,优良家风可以塑造优良的个人成长环境,让人养成优良的习惯。优良家风也是党员干部廉洁从政、忠于职守的支撑性力量。

清风传家，严以治家

家庭是我们人生中的第一所学校。在中华传统文化中，"家"的地位不可替代。在家风的浸润下，人们的价值观、道德品质、行为习惯会逐渐形成。可以说，一个人的家庭中有什么样的家风，他就会有什么样的价值追求。

对于党员干部而言，家风正、家教严则作风正。相反地，如果党员干部家风不正、家教不严，则有可能产生"家庭式腐败"，进而导致家庭破碎。建设清廉家风，固然离不开每个家庭成员的努力，但党员干部自身的表率作用才是关键。如果党员干部不能以身作则，从严治家，清廉家风就难以形成。

"爱之不以道，适所以害之也。"热爱家庭，关爱家人，是人之常情，但"爱之不以道"则会害了家人。有的党员干部不仅不能管好家人，反而将手中的权力作为关爱家人的"资本"，放任家人以权谋私，这种做法终会害了家人、连累自己。

家庭的幸福和谐，不在于名车豪宅、钟鼓馔玉，而在于优良的家风。"忠厚传家久，诗书继世长。"清廉、纯正的家风可以源远流长，让家人受益无穷。对于党员干部来说，清廉家风是对家人最好的馈赠，也是对自己最好的保护。

中华儿女自古以来就有"修身、治国、齐家、平天下"的志愿与情怀，中华文明中自古以来就有建设优良家风的传统。新时代的党员干部应该继承先贤们的家国情怀，把建设清廉家风作为自己的重要使命，用清廉家风涤荡歪风邪气。

笔者衷心希望每一个家庭都有清廉家风，每一位党员干部都能从清廉家风中汲取力量，走好做人、从政的每一步。

第一章 传家需清，好家风才有好家庭 / 1

家风是一种无形的力量，它会在家庭中代代传承。家庭成员的品德修养、世界观、人生观、价值观，以及为人处世的方法，都会受到家风的深刻影响。优良的家风会让家庭成员养成良好的品行，使家庭兴旺昌盛；败坏的家风，则会让家庭成员染上恶习，使家庭支离破碎。

1. 家风源流远长，中华家风源流渊远 / 2
2. 清白继世长，家风清明家道昌盛 / 6
3. 家风败坏，只会贻害子孙 / 9
4. 越是显赫兴旺的家族，家风越是严正 / 13
5. 不留金、不留银，只给后代留精神 / 16
6. 传清廉家风，建廉洁家庭 / 20

第二章 修德为上，以贪为耻传清廉家风 / 24

建设清廉家风，应以修德为上。党员干部要在家庭中树立以贪腐为耻、以廉洁为荣的观念，还要恪守官德，洁身自爱，用自己的言行建立家庭荣誉感，并通过持之以恒的坚持，让廉洁成为家庭的习惯，也让自己的家庭成为受人尊敬的"廉洁家庭"。

1. 贪腐可耻，廉洁光荣 / 25
2. 恪守官德，一身清白两袖清风 / 29
3. 洁身自爱，珍视家庭的名誉和声望 / 33
4. 建立家庭荣誉感，视贪腐为"家耻" / 36
5. 只有清廉家庭，才会受人尊重 / 39
6. 持之以恒，让廉洁成为家庭习惯 / 42

第三章　俭朴为本，崇俭抑奢传勤俭家风 / 46

奢靡享乐是贪腐行为的重要诱因，勤俭则是塑造清廉家风的关键。党员干部要意识到奢靡享乐的危害性，要杜绝自己和家人的享乐主义思想，摒弃面子观念，不搞攀比。此外，党员干部还要厉行节俭，以身作则，带领家人共同培育勤俭家风。

1. 勤俭助清廉，奢靡助贪贿 / 47
2. 杜绝享乐思想，奢靡享乐不是福 / 51
3. 摒弃面子观念，腐败毁家只会让颜面扫地 / 54
4. 不搞攀比，比奢比阔只会让腐败分子找到机会 / 58
5. 勤劳旺家，花自己赚来的钱最踏实 / 62
6. 节俭持家，培养合理的消费观 / 65
7. 培育勤俭家风，抵挡腐败侵蚀 / 68

第四章　无欲则刚，淡看名利传淡泊家风 / 71

名和利是廉洁从政道路上的两大"拦路虎"，过分追求名利会使人的心中滋生私心贪欲，而私心贪欲则是腐败的温床。为了不让腐败在家庭中滋生，党员干部要淡看名利，建设和弘扬淡泊名利的家风。

1. 壁立千仞，无欲则刚 / 72
2. 私心贪欲是滋生腐败的温床 / 75
3. 淡看名誉，人到无求品自高 / 78
4. 不重钱财，宁要清贫自乐不要浊富多忧 / 82
5. 懂得知足，非分之想只会给家庭带来灾祸 / 85
6. 多为儿孙计深远，少为家庭谋钱财 / 89
7. 守一份淡泊宁静，得一份家庭安宁 / 92

第五章　公道正派，刚正不阿传正直家风 / 96

为人正直诚信，做事公道正派，是党员干部应该具备的素质。党员干部的"正"体现在对权力和职责的态度上，更体现在家风中。只有做到权为公用，利为民谋，守职履责，不损公肥私，恪守原则和底线，涵养家门正气，才能成为令腐败不敢近身的合格党员干部。

1. 为人正直，不欺不瞒诚实守信 / 97
2. 办事公道，不拿权力做交易 / 101
3. 权为公用，利为民谋 / 104
4. 守职履责，不损公肥私 / 108

5. 不用"关系"，恪守原则和底线 / 112

6. 涵养家门正气，让腐败不敢近身 / 115

第六章 遵纪守法，不碰腐败"高压线"传守法家风 / 119

对党员干部来说，党纪国法是不可触碰的"红线"。一人违法违纪，可能会导致一个幸福家庭的毁灭。为了避免"一人不廉，全家不圆"的悲剧，党员干部要强化自己和家人的法治意识，自觉遵守各项廉洁规定，远离各种不法场所，把紧家门，不碰腐败的"高压线"。

1. 一人违法违纪，毁灭一家三代 / 120
2. 强化法治意识，做知法守法"明白人" / 123
3. 谨遵廉洁规定，绝不碰触腐败"高压线" / 126
4. 远离不法场所，避免掉进贪污的陷阱 / 129
5. 敬畏法纪，把紧家门 / 133

第七章 自律自省，以身作则端正家风 / 137

党员干部想要端正家风，就要做到"律人先律己"，用强大的自律能力，抵御灯红酒绿、金钱利益的诱惑。党员干部要发挥表率作用，自觉反省和检视自己，纠正自己的不良行为，让自己成为家人的廉洁榜样。

1. 律人先律己，守廉先守心 / 138
2. 耐得住寂寞，灯红酒绿不动心 / 141

3. 经得起诱惑，"勿以贪小而为之" / 145
4. 吃人家的嘴软，不赴钱权交易之宴 / 148
5. 拿人家的手短，切忌"拿好处才办事" / 151
6. 一日三省，养成自检自查的好习惯 / 154
7. 纠正不良行为，做好家庭清廉表率 / 156

第八章 细定家规，严加约束杜绝家庭腐败行为 / 160

国有国法，家有家规。党员干部要杜绝家庭中的腐败行为，就要制定家规，规范配偶、儿女、父母、手足等亲属的行为。比如，配偶不得"办事"收钱，儿女不能以长辈名义谋利，父母不可仗儿女之名谋利，手足和亲朋不可"沾光"，亲属不可违规经商等。

1. 守廉洁要有规矩，无规矩不成方圆 / 161
2. 配偶有廉责，严禁背后"办事"收钱 / 163
3. 儿女无特权，不准以长辈名义为己谋利 / 166
4. 父母要助廉，以子为荣绝不可仗子之名 / 169
5. 手足不可"搭车"，亲朋不许"沾光" / 171
6. 亲属经商，莫在"庇护伞"下谋钱财 / 174

第九章 嘉言懿行，垂教后辈坚守廉洁底线 / 177

言传大于身教，父母长辈的一言一行，是孩子最好的"教材"。为了让儿孙后辈传承廉洁家风，坚守廉洁底线，党员干部要以身作则，用自己的嘉言懿行影响儿孙后辈，强化家庭中的廉洁教育。党员干部要引导儿孙后辈树立正确的人生观和价值观，引导他们亲近良师益友，远离损友，还要严格管教儿孙后辈，不包庇、不纵容他们的贪贿行为。

1. 强化家庭教育，深化廉洁意识 / 178
2. 引导儿孙后辈树立正确的世界观、人生观和价值观 / 181
3. 谨慎交际，不近墨池染浊风 / 182
4. 以身作则，在子女面前保持清廉形象 / 185
5. 严格管教，明察子女贪腐之念 / 188
6. 不包庇、不纵容后辈贪贿之行径 / 191

第十章　共防贪贿，构建家庭防腐铜墙铁壁 / 194

随着社会经济的发展，"家庭式腐败"成为贪腐的重灾区。为了预防"家庭式腐败"，党员干部要与家人共同构建家庭防腐的铜墙铁壁。党员干部及家属要警惕日常生活中的贪腐陷阱，不要心存侥幸，做到慎独、慎初。家人之间还要相互监督，相互提醒，以免不慎踏入贪腐陷阱。

1. 知敬畏，时刻保持警戒之心 / 195
2. 良言逆耳，多对家人吹"廉正风" / 198
3. 年关时节，须严防家人"被受贿" / 201
4. 防止"明借暗贿"的新型腐败 / 204
5. 莫侥幸，坚决在家中抵挡"就这一次" / 207
6. 相互监督，家人之间主动留意 / 211

第一章

传家需清,好家风才有好家庭

家风是一种无形的力量,它会在家庭中代代传承。家庭成员的品德修养、世界观、人生观、价值观,以及为人处世的方法,都会受到家风的深刻影响。优良的家风会让家庭成员养成良好的品行,使家庭兴旺昌盛;败坏的家风,则会让家庭成员染上恶习,使家庭支离破碎。

清风传家，严以治家

1. 家风源流远长，中华家风源流渊远

在历史的长河中，传承不息的优良家风就像一盏盏长明之灯，那澄明清亮的光辉是中华民族精神的源泉，是中华民族文化的根基。优秀的中华家风滋养了一代代优秀的中国人，让中华文化始终充满活力，而且源远流长。

"家风"一词最早出现在西晋著名文学家潘岳的笔下。当时，与潘岳并称"双璧"的夏侯湛将《诗经》中只有目录，没有内容的六篇"笙诗"补缀成了《周诗》。潘岳读到夏侯湛撰写的《周诗》后，认为这些诗篇中反映了孝悌的美德，适合与友人唱和。于是，潘岳写下了《家风诗》："绾发绾发，发亦鬓止。日祗日祗，敬亦慎止。靡专靡有，受之父母。鸣鹤匪和，析薪弗荷。隐忧孔疚，我堂靡构。义方既训，家道颖颖。岂敢荒宁，一日三省。"

潘岳在这首诗中并没有详细描写自己的家世，而是通过赞美自己家族的传统，向人们展示了一个底蕴深厚、家风井然的大家族。

"家风"一词在西晋出现并流行，与"大家族"在社会上的统治地位有关。无论是具备武装力量的地方豪族，还是在政治上累世显贵，垄断了大部分社会资源的世族，无不以家风自矜。树立家风，也成了当时的世家大族对抗皇权，巩固阶级地位的手段。

到了南北朝时期，"家风"的概念流传更广，不少史书中都出现了"家风"一词。比如，《北齐书》中的"少而清虚寡欲，好学有家风"，

《周书》中的"昶年十数岁,为《明堂赋》。虽优洽未足,而才制可观,见者咸曰有家风矣"等。

随着历史的不断发展,"家风"被代代传承了下来。在历史的演进过程中,家风被不断赋予新的含义。今天,我们可以将家风理解为一个家庭的风气、传统和文化。

每个人都有自己的性格,一个家庭在长期的发展过程中,也会形成特有的家风,家风存在于家庭的日常生活中,体现为家族的独特习俗和家庭成员特有的精神风貌,家庭成员的举手投足间,就已经体现了家风。

优良家风对于社会、国家和民族的作用也不言而喻。社会是一个有机的整体,由千千万万个家庭组成。从优良家风中孕育的世界观、人生观、价值观就像一根根钢铁铸造的骨架,支撑着社会的健康运行,保障着国家的稳定发展。同时,历代先贤的品格与智慧在代代传承的家风中被继承和发扬,这在无形中推动了中华民族文化的积淀和发展。

家风关乎一个家庭、家族的兴衰,也关乎社会、国家、民族的发展。中国人历来注重家风的建设和传承。《礼记》中的"修身、齐家、治国、平天下"是中国人的传统立身之道,"齐家"在前,"治国"在后,说明了我们重视家风的传统古已有之。中国历史上也留下了许多传颂千古的优良家风,以及继承和发扬了优良家风的优秀人才。

《颜氏家训》提倡"导习"与"教诲",为后世的家规、家训提供了优秀的范本,是"家训之祖";传颂千古的《诫子书》体现了诸葛亮教子的苦心,也是父母勉励子女好学上进的"经典";《钱氏家训》和英才辈出、人才鼎盛的钱家是家风建设和传承的典范。

吴越钱家是一个历史悠久、家风纯正的大家族。"英才辈出"是人们对钱氏家族的第一印象,如果我们将历史上所有的钱氏名人的名字统

清风传家，严以治家

计起来，一定会得到一份长长的名单。当代科学界、文化界的钱氏学者和名流就多达100多位，其中包括"中国航天之父"钱学森、"中国近代力学之父"钱伟长、"中国原子弹之父"钱三强，以及文学家钱钟书、史学家钱穆等。回顾这些钱氏名人的一生，我们会发现，他们无一不是《钱氏家训》的忠实践行者。

比如，被誉为"两弹一星功勋科学家""中国航天之父"钱学森的人生经历和爱国情怀就与《钱氏家训》中的"利在一身勿谋也，利在天下必谋之"不谋而合。

☆ ☆ ☆ ☆ ☆

1949年，中华人民共和国成立的消息传来，身在美国的钱学森和夫人蒋英毅然决定回国，用自己所学建设崭新的中国。然而，钱学森的回国决心触怒了美国当局。1950年9月9日，钱学森突然被联邦调查局非法逮捕。此后5年间，钱学森一家失去了自由，并遭到一系列迫害。直到1955年，在多方的努力下，钱学森一家才回到魂牵梦绕的祖国。钱学森在5年归国路中，遭遇了无数困难和诱惑，但他始终坚守底线，始终心向祖国。支撑他走过这段艰难岁月的除了个人的理想和信念，还有《钱氏家训》的精神。正如钱学森的儿子钱永刚所说："如果要用一句话来概括钱氏家训，那应该就是中华民族知识分子的历史担当。"

回国后，钱学森迅速投入科研和教育事业中。1957年，他的论文获得了"中国科学院自然科学奖一等奖"（后来的"国家自然科学奖一等奖"），以及奖金1万元。这笔钱在当时并不是一个小数目，但钱学森将这些钱全部捐给学校，用于购买教学用品。当他得知家庭困难的学生无力购买计算尺时，立即向学校申请，用自己的捐款给每个学生买了一把计算尺。

钱学森将有限的时间和精力都用在科研事业上，他和夫人蒋英从未刻意教过孩子如何读书，如何做人，但他用自己的行动践行了钱氏家风，用自己的人生经历告诉了孩子应当如何严谨治学，如何坚守底线，如何担当责任。

钱学森的成就当然不能全部归功于钱氏家风，但不可否认的是，钱氏家风和流传至今的《钱氏家训》为钱学森的人生铺上了一层最纯粹、最坚固的底色。

☆　☆　☆　☆　☆

中国历史上有许多像钱氏家族一样，家风优良、人才辈出的家族，也有许多和《钱氏家训》一样的经典家规、家训。它们共同造就了中华民族的优良传统文化，共同熏陶了中国人的优秀品质。在优良家风的建设与传承中，中华民族的精神和文化得以弘扬和发展，优良家风的重要性也被一再验证。

我们深知，个人、社会、国家和民族的发展都离不开家风。"人品出于家教，德行成于家风""天下之本在国，国之本在家"是历史的经验与教训，也是中华家风源远流长的根本原因。时至今日，对家风教育的重视，早已体现在了每个中国家庭的日常生活中。历史上的家训名言，早已融入中国人的教育实践中。

源远流长的中华家风是一部部无字的典籍，是一代代中国人的精神养分。未来，优良家风仍将不断传承，并与时代精神融合，成为历久弥新的文化传统。

清风传家，严以治家

2. 清白继世长，家风清明家道昌盛

家风是一个家族的精神内核，是支撑家族发展的"脊梁"。如果家风败坏则有可能面临"富不过三代""君子之泽，五世而斩"的困境。

☆☆☆☆☆☆

西汉开国功臣之一陈平是汉高祖刘邦的重要谋士，曾屡出奇计，帮助汉高祖问鼎天下。陈平出身贫寒，却凭借自身的努力，成为名留青史的西汉名臣，他不仅辅佐刘邦，还平定了历史上著名的"诸吕之乱"，并迎立汉文帝。

然而，陈平的绝顶聪明，并没有让他的家庭逃脱"五世而斩"的命运。陈平用功勋获得的爵位传到其曾孙陈何手中时，陈氏家族的辉煌便戛然而止了。原来，陈何仗势欺人，霸占他人妻子，被处以死刑，陈家的爵位和封地均被废除。

陈平的曾孙陈何被处以死刑后，陈家从此退出西汉的政治舞台。这件事背后或许牵涉了复杂的政治斗争，但家风不正一定是酿成恶果的关键因素之一。假如陈家的家风清正，子孙行事有章法，而陈何从小受清正家风的熏染，懂得洁身自好、谨言慎行，又怎么会做出"霸占他人妻子"的恶行呢？

☆☆☆☆☆☆

家风对于家庭成员的影响是不可估量的，一个家庭中有什么样的家

风，就有什么样的孩子。而孩子是家庭的未来，是保证家庭持续发展的新鲜血液。

如果我们想要后继有人，保持家道的昌盛，就要在家庭中营造清明的好家风。《荀子·劝学》中的"蓬生麻中，不扶而直"生动地说明了这个道理。这句话的意思是蓬生长在麻田里，不用扶持也能长得很直。清明的家风就像"麻田"，家庭成员就像"麻"，可以"不扶而直"，这样的家庭一定能够保持家道昌盛，代代传承。

那么，什么是清明家风呢？这里的"清明"是指"清正廉明"，清明家风就是清白、正直、廉洁、光明磊落的家风。只有那些拥有清明家风的家族才能昌盛繁荣。

☆━━━☆━━━☆━━━☆━━━☆

河洛康氏家族以耕读、经商传家，曾历经明、清两朝。400多年的传承令康氏家族积累了巨额财富。清末年间，康氏家族第十七代领袖康鸿猷向清政府捐银100万两，因此被人们称为"康百万"。

此后，"康百万"就成了康氏家族的代称，康氏庄园也被称为康百万庄园。这座庄园中，处处体现着康氏家族的清明家风。

比如，庄园中的楹联"友以义交情可久，财从道取利方长"告诫后人：朋友相交，要义字当先，只有讲义气朋友之间的感情才能持久，而钱财要取之有道、诚信为本，只有这样才能长久。这句话中体现了康氏家族光明磊落、正直守法的家风。

另一副楹联"审时度势诚信至上商之本，化智为利化利入义贾之根"告诫后人：经营生意时要以诚信为本，用自己的智慧获得合法的收益。这句话体现了康氏家族诚信的家风。

康氏家族有一条非常独特的家规，那就是"家族子孙不得纳妾"，这条家规在封建社会显得格格不入，但却体现了康氏家族注重个人品行，强调勤俭廉洁生活方式的家风。

☆·········☆·········☆·········☆·········☆

康氏家族的繁荣，体现了清明家风对家庭的正面影响，也说明了一个道理：只有家风清明，家族才能绵延传承，家道才能兴旺。

因为，只有那些具有清明家风的家庭，才能栽培出优秀的子女和后代，使家族持续兴旺。

☆·········☆·········☆·········☆·········☆

唐代文学家韩愈善写墓志铭，他为好友房启写下的墓志铭是："公胚胎前光，生长食息，不离典训之内，目濡耳染，不学以能。"韩愈认为，房启生于儒宦世家，还在母亲体内时，他就受到纯正家风和严格家训的影响。在长期的耳濡目染中，他不用专门去学习，也能具备各种能力。

☆·········☆·········☆·········☆·········☆

韩愈的话虽然略显夸张，但却揭示了清明家风对于一个人的正面影响。它虽然看不见摸不着，但却能为个人与家族的成长和发展提供源源不绝的养分。

那么，清明的家风又从何而来呢？

曾国藩在给子女的家书中写道："家败离不得个奢字，人败离不得个逸字，讨人嫌离不得个骄字。"他用寥寥数语，指出了败家的根源："骄""奢""逸"。与之相反的，则是兴家的关键："俭""勤""谦"。

涵养清明家风也离不开"俭""勤""谦"三个字。

"俭"是指勤俭节约，不奢侈浪费，保持艰苦朴素的作风，不过分追求享乐。自古以来，不重视"俭"，追求奢靡享乐的家族都避免不了衰败的命运。"俭"这一家风可以让家庭成员抵御物欲的诱惑,坚守本心,专注于自己的事业和学业,也可以杜绝挥霍败家的可能性。

"勤"是指勤奋、勤劳,以及在人生道路上不断追求进步的精神。将"勤"作为家风,可以避免家庭成员养成安逸懒惰、游手好闲的坏习惯,让每个家庭成员在工作和学习中做到勤奋,在生活中做到勤劳,在人生道路上有追求,有目标。具有"勤"这一家风的家庭,善于创造和积累财富,但不容易被财富腐蚀,沉湎于安逸享乐,家庭中的每个成员都会奋发向上,积极进取。

"谦"是指谦恭、谦逊,对于个人来说,"谦"是一种美好品格,使人具备宽广的胸襟和不骄不躁的人生态度。对于一个家族而言,"谦"是避免"盛极而衰""五世而斩"的秘诀。

家庭要繁荣昌盛,就要涵养清明家风,而清明家风从"俭""勤""谦"中来。想要涵养好家风就要践行"俭""勤""谦",远离"骄""奢""逸"。

3. 家风败坏,只会贻害子孙

宋朝诗人魏野在《寄赠三门漕运卞寺丞二首》一诗中有云"一门忠孝是家风",意思是全家上下的忠与孝是好家风流传下来的,可见家风对子孙后代影响之深远。

如果把家庭成员比喻成一颗颗珍珠,那么家风就是串联成珍珠项链的丝线。丝线结实了,这串珍珠项链才能流传后世,熠熠生辉。

清风传家，严以治家

家风的好坏，直接影响子孙后代的延续发展。有一个好的家风，才能让家族兴盛，子孙延绵。一代又一代人沐浴着好家风成长，才能带着感恩的心、宽容的气度在社会舞台上发光发热。

由此说来，一个家族的兴衰和家风密不可分。特别是对于身居要位的党员干部来说，一旦家风失守，下一步不仅会掉入欲望的深渊，还会把家人一同拉入黑暗的谷底。

☆————☆————☆————☆

某市人大常委会主席车某年少时期家境贫寒，通过自己的努力，终于在政府单位站稳了脚跟。刚参加工作时，他兢兢业业，一心只想把工作做好。然而，随着职务不断上升，自己的欲望也渐渐膨胀。由于年少时期物质生活匮乏，当他坐上领导的位子，也坐上了贪图享乐的高速列车，一发不可收拾。

车某在自己的忏悔录中说："我家里不管是做生意还是收礼物，甚至是直接收钱、收卡，我家里人都有份参与，特别是我的女儿。逢年过节收钱收礼，我都丝毫不避讳她。在国外上学时，我没有花过一分钱，都是想和我搞关系的老板赞助的。回国后，女儿创业一事无成，但我的不良作风却在她身上展露无遗。"

在监狱的车某后悔不已，假如他当初整好家风，不忘初心，在岗位上呕心沥血，在家里严格要求女儿，今天肯定是另一番天地。但他却被奢靡享乐的生活蒙蔽了双眼，吃大餐、用名品、收豪车、住豪宅，忽略了家风建设，没给子女做出榜样，导致女儿也走上了歪路。

☆————☆————☆————☆

第一章 传家需清，好家风才有好家庭

从古至今无数前车之鉴告诉我们，如果不管好自己，严守家风不放松，很容易酿成大祸。俗话说"上梁不正下梁歪"，一旦家风失守，这杯家风败坏的苦酒，不仅苦了自己，还毒害了子孙后代。

☆　☆　☆　☆　☆

明朝大学士严嵩，官至内阁首辅，嘉靖年间权倾朝野。严嵩中年得子，对儿子溺爱有加，就算孩子犯了错，也不多加教育，偶尔的训斥也只是因为学问没做好，丝毫不在乎儿子的品德如何。

严嵩的官越当越大，他的儿子严世蕃也在工部身居要职。父子俩沆瀣一气，无恶不作。严嵩利用自己的权势欺上瞒下，打压对手，残害忠臣良将。

纸包不住火，严氏父子的罪恶终有瞒不住的一天。最后，严世蕃被斩首，严嵩被抄家，在乡下孤苦而终。

严嵩没有立好家风，最终落得个家破人亡的下场，害死了儿子，也断送了子孙后代的前程。

☆　☆　☆　☆　☆

家风虽然是小家的事情，显示的是一个家庭的风骨，但是，家庭的和谐稳定直接关系到社会和国家的稳定。从这个角度来说，家风对社会稳定、国家发展的影响也很大，大到决定国之命脉，一点也不夸张。

一个普通家庭的家风是否正派，影响家族的后续发展。但是，一个党员干部的家风是否正派，则会影响群众对政府的观感，以及国家的前途命脉。

☆　☆　☆　☆　☆

华中某市不少党员干部都知道区长陈某对女儿疼爱有加，

有求必应。陈某利用职务之便假公济私已经是公开的秘密。有人想拜托区长办事，知道区长的女儿喜欢弹钢琴，名贵钢琴马上送到家里。

假期还没到，就有人排着队给区长的女儿"安排活动"，一放假，立马坐上飞机环游世界。最贵的一次旅行，一周就花了20多万元。

经查实，这些人"伺候"好了区长的女儿后，都达到了自己的目的，获得了好处。陈某的女儿在奢靡的生活中逐渐变得虚荣骄纵起来。以至于在父亲落马后，巨大的生活落差和同学异样的眼光，让她患上了重度抑郁，甚至试图自杀。

车某和陈某都曾是兢兢业业的人民公仆，本来应该拥有更加光明的未来，但是他们却没有守好自己的底线，败坏家风，贪图享乐，最后以身试法，大好仕途也就到此为止。

在名利和钱财面前，他们把良好家风抛在脑后，不但没有为子孙后代做出榜样，反而纵容子女和自己一起享受权力带来的好处。殊不知，这都是泡沫，终有一天会烟消云散。

不仅如此，假如党员干部因为违法乱纪而服刑，将会影响子女参加工作的政审。政审条件规定，直系血亲中或对本人有较大影响的旁系血亲中有被判处死刑或者正在服刑的，政审将不合格。

当然，也有人觉得无所谓。家风是什么？人之初，性本善，好坏是生下来就注定了的。我自己享受了就行了，还管子孙后代干什么？不过，这么想就大错特错了。

既然家风对子孙后代的影响这么深远，那么怎样才能建立好的家风呢？

第一，作为一家之长，要以身作则，时时反省自己做得不对的地方，及时改正。曾子有云："吾日三省吾身：为人谋而不忠乎？与朋友交而不信乎？传不习乎？"家长要为子女做好榜样，为子孙后代树立良好家风，不要一言堂，要营造一个民主、和谐、轻松的家庭环境。

第二，不论何时都不能忽略品德教育。在上文的案例中，不论是现代的党员干部，还是古代的大官大职，都忽略了品德教育。没有良好品德做底线，就很容易跌入贪婪的深渊，假如严嵩注重儿子的品德教育，也许严世蕃后来能悬崖勒马，严氏一族能避免灭门之灾。良好的品德是良好家风的基础，好家风离不开好品德。

为子孙后代留万贯家财，不如为子孙后代留一个良好家风。古人云："广积聚者，遗子孙以祸害；多声色者，残性命以斤斧。"为了子孙后代的幸福，请正心智，立家风。

4. 越是显赫兴旺的家族，家风越是严正

司马光告诫他的孩子："俭以立名，奢以自败。"司马光家风质朴，教子有方，所以他的孩子都人生有成。

古人也有云："道德传家，十代以上，耕读传家次之，诗书传家又次之，富贵传家，不过三代。"可见严正的家风，对家族发展起着至关重要的作用。纵观那些历史悠久、显赫兴旺的大家族，家风必定严正。

孙权的祖父是一个瓜农，但是他非常孝顺，非常讲诚信，

并且常做善事帮助身边的人。如果路过的人口渴想讨口水喝，他二话不说，就递上一块西瓜给路人解渴。因此，孙权的祖父美名远扬，乡亲们无不夸他是个好人。

后来，黄巾起义爆发，孙权的父亲孙坚起兵和黄巾军对抗，得到了乡亲们的大力支持，这一拨乡亲，给后来东吴政权的建立提供了坚实的群众基础。到了孙权这一代，果然称霸江东，当上了东吴的君主。

孙权的爷爷乐善好施，孙权的父亲英勇无畏，孙权在这样积极正面的家风影响下，成长为一个有担当、有智谋的君主。所以说，一个家族要发扬光大，必须把好家风传承下去。

历史上家风严正的大家族数不胜数，晚清名臣曾国藩曾给儿子写了这样一封家书，家书中写道："无论大家小家、士农工商，勤苦俭约，未有不兴，骄奢倦怠，未有不败。"他告诫儿子，一定要戒骄戒躁，不要骄奢淫逸，一旦放纵，家族就会慢慢败落。

他不仅这么说了，也这么做了。在曾国藩30多年的政治生涯中，他从不摆官架子，饮食起居都非常节俭，并崇尚朴素节俭的家风。

道光年间，曾国藩官运亨通，连连升迁，当上三品大员后，按照规定，他可以从蓝色轿子升为绿色轿子，不仅如此，还要增加两名轿夫，还可配备引路官和护卫。没过多久，曾国藩又升迁至二品大员，这个官级是可以乘坐八抬大轿的。但是，由于崇尚简朴，曾国藩仍然坐以前的蓝轿。

曾国藩在出任两江总督的时候，他的妻子带着女儿来探亲。女儿因为没有见过总督府，怕失礼，特意打扮了一下，穿了一件绣花的裤子。曾国藩看到女儿的打扮，严厉地批评了她一顿，女儿赶紧回房把裤子换了。

曾国藩教育孩子勤俭持家是有道理的，他常常对孩子们说，自古以来，官员家族很少有传承过两代的，有一个非常重要的原因就是，这些官员子弟从小过惯了衣来伸手饭来张口的日子，根本体会不到民间疾苦，因此一代比一代娇气，一代比一代平庸。

教会孩子勤俭节约，让他们做一些力所能及的事情，不仅能提高他们的生活技能，也能让他们开阔眼界，体会生活不易。等孩子自己成家了，才能把家里打理得井井有条，日子才能过得长久。

曾国藩虽然官位很高，但是生活却十分接地气。一般朝中大员的家都是亭台楼阁、小桥流水，但是曾国藩的官邸却十分简陋，根本看不出来是朝廷重臣的家宅。他不仅官邸简陋，生活上也很节俭，生活起居，能自己做就自己做，很少吩咐仆人伺候。

他教育子女，凡事要亲力亲为，不要在家里大呼小叫的，能一切从简的事情，就不要为了面子排场铺张浪费。孩子们出门办事，曾国藩不允许他们坐轿子，都走着去。并且，家里的一应大小事务，比如，挑水、劈柴、洗衣……孩子们都要做一遍。

曾国藩觉得，让孩子从小在吃穿不愁的环境中长大，以后的抗挫折能力太差，怎么挑起家族的重担？从小就培养吃苦耐劳、不畏脏差的良好品质，长大以后才能坚韧不拔，做一个对江山社稷有用的人。他自己也说:"凡世家子弟衣食起居,无一不与寒士相同,则庶可以成大器。"

☆————☆————☆————☆————☆

曾国藩教育孩子的内容,自己也做到了。这种以身作则的高尚品质,让曾氏后人感受颇深,最好的教育就是言传身教。曾国藩身体力行,为家族做了表率,曾氏家风就这样流传后世,继续影响着大家。

从曾国藩的治家智慧中,我们发现,一个家族想要长久地延续下去,就要有一个好家风。

家风是社会风气的真实写照,如果家家户户都有好家风,那这个社会必定和谐万千。如果社会风气和谐美好,那国家必定繁荣昌盛。好国风引领好家风,好家风汇聚好国风。

那些子孙繁茂、长盛不衰的大家族,都有一个相同点,那就是家风严正。一个家庭的风气和行为习惯是会融合在子孙后代的骨血中代代相传的,不论好坏,都会延续下去。

在悠久的历史长河里,还有很多绵延百年、人才辈出的大家族,这些家族的前人以身作则,树立人品标杆,后人则耳濡目染,遵守家风。直到今天,这些宝贵的民族遗产,依然能为我们的社会、国家提供重要的参考。

5. 不留金、不留银,只给后代留精神

我们在工作之余,应该认真思考一个问题:百年之后,我们应该留给子女什么?是金山、银山,还是宝贵的品质和精神?

第一章 传家需清，好家风才有好家庭

晚清名臣林则徐的书房中挂着这样一句话："子孙若如我，留钱做什么，贤而多财，则损其志；子孙不如我，留钱做什么，愚而多财，益增其过。"这句话的大意是如果子孙像我一样贤德，就不要给他们留下钱财，因为钱财会让他们失去斗志；如果子孙不如我，就更不要给他们留下钱财，因为钱财会让愚蠢的人犯下过错。

在林则徐看来，在我们留给我们后代的东西中，钱财是其中最微不足道的。这是林则徐为人父的智慧，也是他留给我们的警醒与告诫。

疼爱子女是我们的本能，很多人一辈子艰苦奋斗，只为给子女多留一些物质财富，让子女的生活更轻松和富足。这是为人父母的一片苦心，也是无可非议的。但是，父母之爱子，则为之计深远。除了金钱，我们是否还应该给孩子留下其他东西？

金钱总有一天会用完，当我们的孩子失去金钱后，他们又该如何生存呢？明智的父母会留给孩子一笔受用终身的精神财富，让孩子可以从中汲取人生智慧，掌握创造美好人生的方法。而不明智的父母则会为子女拼命积攒财富，企图留给孩子一座用不完的金山。

最可悲的是，有些人留给子女的财富是不义之财，这些"肮脏"的财富不仅没有让孩子获得幸福生活，反而让孩子的人生蒙上了阴影。

有的党员干部利用职务之便侵占公款，让子女移居国外，或者收受贿赂，将不义之财转移到子女名下。还有的党员干部为子女开公司，利用手中的职权让公款和贿金流入子女的荷包。

这些党员干部的行为看似符合情理，是一片舐犊深情，但实际上却是畸形的。在他们心里，利用职权获得的财富是"主动"送上门来的，不要白不要，而且自己用不完，何不留给子女呢？可是，这种做法只会令子女蒙羞，甚至让子女的前途毁于一旦。

比如，某发改委原副主任刘某"帮助"儿子"吃空饷"，让儿子在不用上班的情况下，在几年内领取薪金100多万元。浙江省某市原副市长冯某和两个儿子合谋侵吞国有资产3000多万元。安徽省某市国土资源局原局长张某与儿子供职于同一系统，共同受贿达2000多万元。

很多党员干部是"苦出身"，他们在事业和生活上都吃过苦，受过累。因此，他们不想让自己的子女和自己一样辛苦，于是，他们千方百计地为子女敛财，甚至不惜触碰法律的底线。可怜天下父母心，他们疼爱子女的心并没有错，他们错在收了不该收的钱，伸了不该伸的手。

每个为官的人都应该明白，把贪污受贿得来的钱财留给子女，不是爱孩子，而是害孩子，轻则让孩子的价值观扭曲，重则让孩子和自己一起身陷囹圄。

而且，身为父母，留给子女的不应该只有财富，还要有精神。父母通过言传身教，以身作则教给孩子的精神和品格，才是孩子今后安身立命的"本钱"。要知道，父母的言行，会在孩子的心中打下深深的烙印。身为党员干部，我们最应该留给孩子的是廉洁精神。

廉洁精神具有丰富的内涵，它可以教会孩子诚信正直、勤劳节俭、廉洁奉公、踏实勤奋、遵纪守法、自律自省等，这是一笔十分宝贵的精神财富。如果子女从父母那里继承了廉洁精神，那么他们将成为具有高尚品格和坚定意志的人，这将使他们受益无穷。

精神是留给子女的最好遗产，不留金，不留银，只给后代留廉洁精神，是对子女最好的关爱，也是对"传承清明家风"最好的践行。

中国近代思想家、教育家梁启超就用自己的言行为子女点燃了成长道路上的明灯,用自己的精神为子女留下了一笔宝贵的财富。

☆————☆————☆————☆————☆

梁启超有9个孩子,他关心每个孩子的生活,经常给孩子们写信,并根据每个孩子的性格特点,给予他们帮助和建议。在中国传统文化中,父爱是含蓄而沉默的,人们常说"父爱如山""父爱无言",但梁启超的父爱并不含蓄,也不沉默。他从不吝于表达对孩子的关心和爱护。

同时,他也非常关注孩子的德行,他教诲他们:"如果做成一个人,智识自然越多越好;如果做不成一个人,智识却是越多越坏。"

梁启超用自己的言行无声地引导着孩子,在他的教育下,他的孩子都成了有底线、有原则的人。他的9个子女中有7人留学海外,但他们无一例外地在学成后选择了回到祖国,报效国家。在梁启超的众多子女中,没有一个继承他的衣钵,但他们都从父亲身上学到了立身处世的原则、勤学上进的精神和独立生活的能力,这远比金钱更加宝贵。

☆————☆————☆————☆————☆

梁启超既是孩子们的父亲,也是他们的人生导师,他对子女的教育,是父母应该学习的典范。为人父母,我们要意识到自己身上的重大责任,要用心教育孩子,让孩子拥有良好的品性,更用廉洁的作风、坚定的信念、清明的家风影响孩子,给孩子留下可以代代传承的精神财富。

6. 传清廉家风，建廉洁家庭

南宋词人张道洽有句诗很好地诠释了什么叫清白家风——"清白家风不染尘，冰霜气骨玉精神"。道理相信大家都懂，但是在诱惑面前，有多少人能坚守清白，洁身自好，守好家庭的廉洁呢？

杨某出生于一个工人家庭，家里兄妹四人，他排行老二。年少时期，父母工资很低，还要维持一家六口的生计，生活很是艰苦。最困难的时候，只能撒一把米煮一锅米汤，六个人吃。

恢复高考后，他刻苦努力，考上了大学。求学期间，成绩优异，还没毕业就被用人单位预定了。但是他放弃了单位优厚的条件，主动要求调到艰苦的偏远地区工作。高学历加上脚踏实地做事，杨某很快就入了党，还被破格提为主任。

他用20年的时间，从主任到局长、副县长，后来由于工作出色被调到区里当区长，可以说是一路平步青云。

随着职务渐渐提升，手中的权力也越来越大，杨某出国考察、饭局应酬也变多了。在灯红酒绿、觥筹交错间，杨某渐渐迷失了自己。

杨某的儿子想要办一场声势浩大的婚礼，但是杨某非常清楚，有纪律要求，假如大办子女婚礼，借机收受财物，恐怕后患无穷，自己的仕途也就到此为止了。

然而，杨某的儿子对他说："爸爸，人家女儿嫁到我们家来，以后还要给我们生孩子，这样潦草了事，是不是太对不起人家了？况且，我这辈子就结这么一次婚，如果不办得像样一点，我会遗憾一辈子的……"加上亲朋好友的游说，杨某动摇了，为儿子办了一场豪华婚礼。

迎亲队伍里清一色的豪车，五星级酒店的宴席摆了将近100桌，婚礼现场堪比明星发布会，这场婚礼的花费高达30万元，收受礼金200多万元。

杨某被捕后，后悔不已，他说："金钱和权力真是耐人寻味的东西，我原本清清白白做事，却被钱权蒙蔽了双眼，毁了自己的一生。"

☆ ☆ ☆ ☆ ☆

有着大学本科文凭的杨某真的不明白这个道理吗？不，他明白。他只是没有守好自己清白的底线，在诱惑中越陷越深。假如他如刚参加工作时一般，守好底线，守好自己清白的家风，在儿子怂恿他时，坚守原则，维护家庭的廉洁，结果就大不一样了。

古人云："人遗子孙以财，我遗子孙以清白。"清白的家风不仅是一个家族前人对后人的期待，更是融在血脉里的风骨和精神。

☆ ☆ ☆ ☆ ☆

某市先进工作者在接受采访时讲起了她的人生经历，她说自己能有今天的荣誉，和父亲的教育以及清白的家风分不开。父亲从小就教育他们要清清白白做人，干干净净做事。

"小时候，父亲是村里的党员干部，每次家访时，村民都

清风传家，严以治家

会塞一些鸡蛋、蔬菜，但是父亲一次都没有收过。有的人说父亲傻，有的人说父亲假清高，父亲都一笑而过，置之不理。

"那时我们不懂父亲为什么要如此恪守本分，每次母亲劝父亲处事圆滑一点时，父亲都会说：'吃人嘴软，拿人手短，拿了别人的东西，日后来求你办事，你是办还是不办？今天有一个人求，明天就有两个人，以后会越来越多。清清白白做人，干干净净做事，求一个心安理得就好。'

"父亲为人处世虽然耿直，但是他分内的事情一点都没有含糊过。村里有一位老婆婆，儿女都在外地打工，腿脚也不好，父亲常常去她家里帮忙。有一天深夜，父亲的电话响了，原来是婆婆病了，叫父亲去帮忙。他马上换好衣服，毫不犹豫地出门了。

"耳濡目染下，我们也被父亲影响了。我在上大学时，每个学期的期末考试，总有一些同学在考场上交头接耳，甚至用手机查答案。我辛辛苦苦复习一个月，还不如别人考场上几分钟按手指来的分数高，心理十分不平衡，干脆我下次也作弊好了。

"放假回家，我跟父亲说起这件事，父亲对我说：'书山有路勤为径，学海无涯苦作舟，学习没有捷径可走。如果不想付出，这次成绩好，下次呢？以后参加工作走上社会呢？总有心虚露出马脚的时候。看到别人投机取巧获得好成绩，自己也想同流合污，那才是最大的错误。'

"现在想起来，父亲的教导十分有道理，如果我当时也和那些同学同流合污，用一次次欺骗换来好成绩，最后也将一事无成，辜负父母对我的期待。

第一章　传家需清，好家风才有好家庭

"参加工作后，我也时常有左右为难，不知所措的时候，想起父亲那句'清清白白做人，干干净净做事'便豁然开朗。

"现在，我们兄弟姐妹几个都有了自己的家庭和事业，不管是经商还是从政，都牢记父亲清白廉洁的家风家训，抵制诱惑，严守底线，正因为如此，才有了家庭和谐美满的局面。"

☆────────☆────────☆────────☆────────☆

清白的家风就像绵绵春雨，滋润着我们每个人的心灵，贪腐败坏的家风就像酸雨，腐蚀着贪婪者的心灵。在复杂的社会里，有的党员干部守不好自己的底线，家风不够清白，走上了违纪的不归路，葬送了自己的大好未来。还有的全家齐上阵，利用手中的权力为自己谋好处，最终惹来牢狱之灾。为什么会出现这些不幸呢？因为这些人丧失了自己的信念，把清廉的家风建设抛诸脑后，最终造成了十分恶劣的影响。

"粉骨碎身全不怕，要留清白在人间"，清白的家风，廉洁的家教，就像春风入夜，浑润物细无声。当你迷茫、徘徊的时候，引领你走向正确的方向。

家是最小国，国是千万家，家庭是反腐倡廉的第一线，在崇尚清廉、反对腐败的当今，党员干部以及每一个人，都更应当传清白家风，建廉洁家庭。

第二章

修德为上，以贪为耻传清廉家风

建设清廉家风，应以修德为上。党员干部要在家庭中树立以贪腐为耻、以廉洁为荣的观念，还要恪守官德，洁身自爱，用自己的言行建立家庭荣誉感，并通过持之以恒的坚持，让廉洁成为家庭的习惯，也让自己的家庭成为受人尊敬的"廉洁家庭"。

1. 贪腐可耻，廉洁光荣

纵观人类的历史，贪腐现象就像一道挥之不去的阴影，在这道阴影的笼罩下，一些党员干部选择了背弃道德，抛下责任，行走在规则之外，用手中的权力攫取利益。他们的贪腐行为不仅践踏了公平正义，也损害了国家、政府和人民的利益。因此，贪腐自古以来就是人人喊打，为法律和正义所不容的。

在全世界都在反腐倡廉的今天，腐败分子已经成了人人喊打的存在，腐败行为也为人们所不齿。为了更有力地反贪腐、防贪腐，我们有必要研究一个问题：贪腐现象为何屡禁不绝？

在研究了大量贪腐案例后，我们发现：贪腐的根源是人性。厌恶贫穷、劳累，渴望安逸、富足，是人的天性。当这种天性被不加遏制地放大时，就变成了贪欲。当人性中的贪欲遭遇权力和金钱时，贪腐现象就会发生。对于那些走上贪腐这条歧路的党员干部来说，贪腐是权力变现，满足贪欲的最佳捷径。

☆┈┈┈☆┈┈┈☆┈┈┈☆┈┈┈☆

某市煤业公司原科长李某本来是一位精明强干的党员干部，在他十几年的工作履历中，曾获得多项荣誉称号。在单位每年的干部考核中，他都名列前茅。然而，这样一位有能力、有前途的党员干部却因贪腐而落马。在他优秀的人生履历上，也因贪腐染上了可耻的污迹。

李某走上贪腐歧路的源头是一份工程预算。2015年的某一天，李某的同事张某找到他，直言有一个企业想请他"帮忙"，"这个企业有的是钱，你可以把工程预算做高一点。"王某这样嘱咐李某。

于是，李某将工程预算提升到了50万元。煤气公司与企业签订合同后，企业"回馈"给李某和王某价值19万元的贿赂。在王某的鼓动下，在金钱的诱惑下，李某踏上了贪腐的道路。此后几年间，李某利用职务之便，伙同他人，索取、收受贿赂上百万元。不过，李某的贪腐行为没有逃过法律的制裁，他为自己的行为付出了沉重的代价。

在服刑期间，李某写下了自己的忏悔："我大学一毕业就在煤业公司工作，在工作岗位上取得了很多荣誉，最后却败给了心中的贪欲。当我第一次收受贿赂时，我心里想的是，自己这么多年的奋斗没有白费，用手中的权力变现时，我的内心感到无比满足。然而，让我多年奋斗白费的，恰恰是一次又一次的贪腐行为。"

回顾李某的腐化过程，我们发现，他并不是从一开始就选择了贪腐，而是被人性中的贪欲一步步腐蚀的。从李某这类干部身上，我们可以看到人性的复杂，他们身上既有爱岗敬业的一面，也有贪腐堕落的一面，当他们放任自己，让贪欲占了上风，也就走上了腐化之路。

反贪腐之所以是一场持久战，是因为我们要反的不仅仅是贪腐现象本身，还有人性中的阴暗面，比如，贪婪、好逸恶劳、见利忘义等。

人性中的阴暗面就像月球的暗面，难以彻底割除和摈弃，因此，我们在为人、为官的过程中，时时刻刻都要与它做斗争，克服好逸恶劳的思想，遏制过剩的欲望。如果人人都放任自己的私欲，践踏法律和道德，那么整个社会都将毁于贪婪的人性。

唯其艰难，方显勇毅；唯其磨砺，始得玉成。我们都知道，与人性中的阴暗面做斗争并不是一件容易的事，我们必须克服不良思想，坚守信念和底线，有时候，还要甘于清贫，甘于寂寞。

为了与人性中的贪欲斗争到底，我们必须树立廉洁价值观，以贪腐为耻，以廉洁为荣。我们必须深刻地意识到，贪腐不仅会损害国家和人民的利益，而且会毁掉个人的前途。那些贪腐干部不仅要面对法律的制裁、道德的谴责，还会令家庭蒙羞。而那些坚持廉洁的干部不仅会获得人民群众的支持和拥戴，还可以问心无愧地坦然前行。

☆————☆————☆————☆————☆

1955年起担任莆田县县长的原鲁山[1]，就是一位受人敬重的清廉干部。1956年，到沿海调研，其间曾在东峤山美村蹲点，并在那里脱了鞋子，和老乡们一起为池塘清淤。直到后来，老乡们才知道他是县长，于是称他为"赤脚县长"。直到今天，"赤脚县长"的故事仍在当地流传。

通过这次调研，原鲁山了解到，莆田沿海缺少水利设施，十年九旱，导致群众生活十分困难。于是，他和县里的领导班子下决心治理全县的水利，并决定修建东圳水库等大型水利设施。

当时，修建一座水库十分不易，有时土刚刚筑好，就被洪水冲走。为了克服困难，早日修好水库，原鲁山每天都到工地上去，实地了解工程进度，和群众一起劳动。有一次，水库大

---

[1] 原鲁山案例来源：中央纪委国家监委网站. (http://www.ccdi.gov.cn/)

清风传家，严以治家

坝被洪水冲垮，他带领大家严防死守，并鼓舞大家："水涨一寸，坝高一尺，我们誓与大坝共存亡！"最后，在所有人的共同努力下，大坝被保住了。

东圳水库的建设历经了重重困难，但克难奋进、不畏艰险的"东圳精神"却流传了下来，并依然鼓舞着当地干部和群众。

原鲁山不仅一心为公，与群众打成一片，他的清廉作风更是为人称道。他的6名子女中，没有一人得到了父亲的"特殊照顾"，也没有一人走上仕途。他的大儿子在条件艰苦的水电站一干就是20多年，小儿子在山东老家务农。按当时的政策规定，原鲁山可以将小儿子的户口迁到莆田，并在莆田安排工作，但他并没有这样做。他认为，无论在哪里工作，都可以为国家做贡献。

原鲁山去世后，留下的遗物仅有一间不足10平方米的小房间、一张木床、一张老式书桌、一台小电视、一个笔筒、几枚印章、几个旧木箱子以及存折上的92元钱。

为了表达敬意，人们为原鲁山撰写了楹联："原出鲁山，勤耕闽地，自北至南二万五千日，尝无数苦咸酸辣，不窃一丝甜味；端居县府，安位州衙，从民而仕四十有一年，经许多珠玉金银，只偷两袖清风。"从原鲁山身上，我们看到了一位党员干部的可敬、可爱，也看到了廉洁奉公的光荣。

树立廉洁价值观，认识到贪腐的可耻和廉洁的光荣，是我们抵御人性阴暗面，拒绝腐败的第一步。

慎终如始，则无败事。我们不仅要让廉洁成为一种思想习惯和价值取向，还要在廉洁价值观的基础上修炼官德，养成洁身自爱的习惯，进而培养清廉的德行和家风，让廉洁成为个人与家庭的习惯。只有这样，我们才能筑起一座防止"腐化编织"的坚固堡垒。

2. 恪守官德，一身清白两袖清风

官德是党员干部应该恪守的职业道德。恪守官德是党员干部为官、做人的基本原则，也是践行廉洁价值观的基本方法。

官德的缺失，会导致党员干部在思想上、作风上、经济上的腐败。这种腐败具有十分严重的危害，它不仅会导致国家和人民的经济利益受损，还会败坏干部形象、政府形象，并由此衍生出更多的社会问题。因此，在党员干部的"才"与"德"中，"德"应该被摆在首位。

对于党员干部来说，德才兼备是"精品"，有德无才是"次品"，有才无德是"危险品"。为什么这么说呢？因为，官德不同于普通的职业道德，它可以被分为三个层面。

官德的第一个层面是个人道德。个人道德包括个人的品德修养、生活作风、行为习惯等。有的党员干部私生活不检点，出了"生活作风"问题，就是个人道德"滑坡"的表现。

官德的第二个层面是职业道德。党员干部在开展管理工作的过程中，必须履行自己的职责，包括忠于国家和人民、遵纪守法、公事公办、求真务实、救危助困等。党员干部要在其位谋其事，对人民群众的困难视而不见，对上级交代的工作敷衍塞责，就是不遵守职业道德的表现。

官德的第三个层面是权力道德。党员干部要珍惜手中的权力，在行使权力的过程中做到遵纪守法，诚实无私，廉洁自律。任何形式的以权谋私都是对权力道德的践踏。

官德的内涵十分丰富，造成的影响也十分广泛和深远。党员干部要具备三个层面的官德，缺一不可。普通人不讲道德，虽然会对社会造成危害，但危害的范围和程度是有限的。如果党员干部没有官德，不仅有可能造成巨大的经济损失，甚至形成社会公害，阻碍国家和地区的发展。

☆ ☆ ☆ ☆ ☆

6年前，某村计划修建一条水泥路，这条水泥路将切断农田水源，使多亩良田无法耕种。于是，该村村民多次向镇政府反映情况。几经协商后，镇政府将道路周围的100多亩耕地从村民手中回收，并与村民签订了一份《土地使用协议书》。

按照计划，这条水泥路应在2年内动工，但6年后，这片耕地仍在被闲置着。原来的良田变成了长满杂草的荒地。耕地抛荒，让把耕地当成"命根子"的村民们十分心痛。他们多次向镇政府表达质疑，但没有得到回应。无奈之下，村民们向媒体反映了此事。

面对记者的询问，该镇副镇长语出惊人："荒了就荒了，有什么了不起。"

这句话不仅体现了这位党员干部的冷漠和狂妄，更显示了官德的缺失。

"合理利用一切土地，切实保护耕地"是我国的基本土地国策，同时，耕地也是农民的依靠和保障，保护耕地是关乎国

第二章 修德为上,以贪为耻传清廉家风

计民生的大事。然而,该镇政府却让良田抛荒数年,这体现了该镇政府部分党员干部耕地保护意识和法治意识的淡薄,以及对人民切身利益的漠不关心。副镇长的一句"荒了就荒了"更是伤透了村民们的心。

该镇政府部分党员干部本应是耕地的保护者,但他们却抱着事不关己的态度任由土地抛荒。这片荒地中,荒的不仅是良田,更是部分党员干部的官德。

近年来曝光的党员干部违纪、违法事件,都透露出官德的缺失。如果我们不重视官德,上述案例中的事件就会一再发生。为了避免国家和社会的损失,避免个人行差踏错,我们应该将恪守官德作为为官、做人的原则和底线。

恪守官德就是要加强自身道德建设,提高个人修养,做到自爱、自省、自励,严守规矩,抵御诱惑。因此,我们要管好自己的家人,谨慎交友,在任何时候都要严格要求自己,始终做到廉洁奉公,始终不降低做官、做人的标准。

"竹林七贤"中的山涛就是一位恪守官德的榜样。山涛一生历任侍中、吏部尚书、太子少傅、左仆射等职,被封为新沓伯、位列三公。他官职虽高,但一直坚持节俭,不养婢妾,不过奢侈的生活。

《晋书》中记载了一个关于山涛的故事:县令袁毅为了谋求升迁,四处贿赂官员,很多人都接受了他送的礼物。袁毅得知山涛是掌管官吏任免的吏部尚书,于是,他送了山涛"丝

清风传家，严以治家

百斤"。

山涛不想收礼，但也不愿意表现得与众不同，他只好接受了袁毅的礼物。不过，山涛命人将礼物悬挂在房梁上，而且一次也没有碰过。后来，袁毅行贿的事被揭发，受贿的官员都被检举了，只有山涛一人幸免。他将袁毅送给自己的礼物从房梁上拿下来，发现在房梁上悬挂的真丝早已经被虫蛀食，但"尘埃封印如故"。山涛因为自己的清廉而得到"悬丝尚书"的美名。

山涛恪守官德，清廉自律。他在为官的30余年里，从不徇私舞弊，在为朝廷选拔人才时，总是选贤任能。他表彰和任命的30多名人才，大都取得了一番成就，而且贤名远播。后世的史官在修《晋书》时，这样评价山涛："若夫居官以洁其务，欲以启天下之方，事亲以终其身，将以劝天下之俗，非山公之具美，其孰能与于此者哉！"

☆----------☆----------☆----------☆

"居官以洁其务"是山涛的官德写照，他真正做到了两袖清风，心系国家。从古至今，和山涛一样恪守官德、两袖清风的官员有很多，他们将自己做官的出发点放在服务人民、干好事业上，而不是以权谋私上，因此，他们才能始终恪守官德，始终奋发进取。

如果一个党员干部只想做官，不讲官德，那么，他们就会陷入权力的旋涡，走上投机、钻营、贪腐的邪路。因此，我们在工作中应该时常警醒自己，恪守官德，一身清白，两袖清风，才是真正的为官之道。

3. 洁身自爱,珍视家庭的名誉和声望

西汉史学家刘向的著作《说苑·杂言》中有这样一句话:"夫君子爱口,孔雀爱羽,虎豹爱爪,此皆所以治身法也。"这句话的意思是君子注重自己的言论是否恰当,孔雀关心自己的羽毛是否美丽,虎豹在意自己的爪子是否锋利,这是他们修炼、提升自己的方法。

后来,人们将珍惜、重视自己名誉的行为比喻成"爱惜羽毛",因为,名誉之于人,就像羽毛之于孔雀,一旦沾染上污迹,美丽的光彩就将不复存在。

名誉是社会对我们的品行、道德、才干、修养等方面的评价,只要我们还在社会上生存,就无法抛开名誉。因为,名誉关系到我们的人格尊严,关系到我们的信誉,是我们从事社会活动的基础。试想一下,谁会把钱借给一个名誉败坏的赌徒呢?哪家企业会聘用一个在行业内名声糟糕的人呢?

声誉良好的人往往能够获得更多的尊重,在工作中也会获得更多的信任和支持。而那些名誉败坏,不爱惜羽毛的人,往往很难得到别人的信任和尊重,他的家人和子女甚至也会受到影响。

良好的名誉并不是凭空得来的,它需要持之以恒地维护。《墨子·修身》中也有这样的观点:"名不徒生,而誉不自长,功成名遂。"名誉不会自己产生,只有"功成"才能"名遂",这里的"功"是指优秀的品格和修养,良好的信誉,为人处世的智慧,在工作中做出的成绩和

清廉的作风等。有时候,"功成"并不能一蹴而就,只能日积月累。

因此,好名誉得来不易,一个人的好名誉可能需要几年、十几年才能形成,一个家族的良好名誉和声望,可能需要好几代人的累积。那些历史上有名的积善之家,都是在几代人的努力下,才获得了良好的名誉和声望。

☆⋯⋯⋯☆⋯⋯⋯☆⋯⋯⋯☆⋯⋯⋯☆

明代的浙江海临王家盛极一时,有"父子四进士,一门三巡抚"的美誉。王氏家族的美名是经过数代积累才获得的,可以追溯到历任涿州学正、唐王府长史、广平府同知、南康知府、汀州知府等职的明代官员王稳。

王稳自幼勤勉好学,22岁就中了举。走上仕途后,他为官清正,在百姓中十分有名望。在任广平府同知时,当地知府因故不能到任,数千名百姓共同请愿,要求王稳代任知府一职。他在担任汀州知府时,不归他管辖的邻郡遭遇大旱,百姓没有足够的粮食,王稳得知情况后立即打开本府的粮仓,赈济灾民。本府的同知对他的做法表示反对,他说:"《春秋》之义,救灾恤邻,彼民犹吾民也。"在王稳的坚持下,邻郡的百姓获得了粮食,渡过了难关。

王稳的后代玄孙中,有一个叫王宗沐的人,他继承了王稳清正、爱民、勤学的风范,也浸润了王室家族的优良家风。王宗沐不仅自己考中了进士,还通过自己的教育让三个儿子也考中了进士,创造了"父子四进士,一门三巡抚"的佳话。王氏家族的后辈和族人中不少人都担任了官职,并建功立业。

☆⋯⋯⋯☆⋯⋯⋯☆⋯⋯⋯☆⋯⋯⋯☆

第二章 修德为上，以贪为耻传清廉家风

经过几代人的努力，王氏家族才有了过人的名誉和声望，而王氏家族的后人也因家族的名誉和声望而受益。从王氏家族的故事中，我们可以看到，个人的名誉可以成就家族的名誉，王稳为官清正、爱民，王宗沐父子勤勉治学，都为王氏家族的名誉和声望增添了光彩。

个人的良好声誉可以为家庭增光添彩，反过来，个人名誉败坏也会为家庭抹黑。而且，好名誉得来不易，败坏它却十分容易。因此，我们在工作和生活中，要注意自己的一言一行，谨守道德底线，完善自己的品格与修养，珍惜个人、家庭的名誉和声望。

对于党员干部来说，维护家庭名誉和声望的最佳途径就是洁身自好，保持清廉的作风。如果党员干部不约束自己的言行，把手伸向不该伸的地方，就会让自己的名誉和家庭的名誉毁于一旦。

☆⋯⋯☆⋯⋯☆⋯⋯☆⋯⋯☆

某县原副县长黄某为了给儿子买新房，通过自己的哥哥向多个企业老板索贿50多万元，并为这些企业大开"方便之门"。东窗事发后，黄某的哥哥受到了牵连，黄某的儿子、妻子和父母也不免要承受他人异样的眼光。黄某一个人的贪腐行为，让整个家庭的名誉染上了污点。黄某在狱中忏悔道："我不敢面对自己的儿子和家人，我的行为让他们蒙羞。我的贪念不仅害了自己，也害了家人。"

☆⋯⋯☆⋯⋯☆⋯⋯☆⋯⋯☆

当某些党员干部的贪腐行为东窗事发时，不仅会给自己带来牢狱之灾，让自己名誉不保，还会让家庭破碎，使家庭的名誉受损，使家人的工作和生活受到严重影响。因此，清廉和洁身自好，才是爱护家人，守护家庭名誉和声望的唯一途径。

洁身自好，党员干部必须从以下三个方面做起。

首先，我们要加强自身的修养，要做到知耻、有德。面对不属于自己的财富、权力时，我们要自觉保持头脑清醒，知道什么该做，什么不该做。同时，我们要做一个有德之人，提升自己的思想境界和操守，让自己有更高的追求，不做金钱和欲望的奴隶。

其次，我们要谨言慎行，不让自己有"走错路"的机会。在生活和工作中，我们会遭遇很多考验和陷阱，有时候，稍有不慎就会陷入贪腐的"泥沼"。因此，我们不仅要恪守心中的底线，还要严格约束自己的行为，不要给他人同化、腐化自己的机会。同时，我们要谨记"祸从口出"，不要因为逞一时口舌之快，而让不怀好意的人抓住了"把柄"。

最后，我们要给自己设定远大的目标。远大的理想和目标可以让我们看得更远，还可以让我们在面对诱惑的时候更加坚定。有了更远大的目标，我们就能学会取舍，就不会为了眼前的利益，置名誉和前途于不顾。

玉石需要持之以恒地打磨和雕琢才能成器，家庭的名誉和声望需要家庭成员的共同努力才能成就，家庭的名誉和声望得来不易，我们应该倍加珍惜，在工作和生活中做到洁身自好，不让它沾上任何污点。

4. 建立家庭荣誉感，视贪腐为"家耻"

每一个腐败案的背后，都是一个家庭的破碎。在这些因贪腐而破碎的家庭中，家人被沉重的铁窗隔开，难以团圆。同时，这样的家庭还面临另一种"破碎",那就是家庭荣誉感缺失。

家庭荣誉感,一种热爱家庭,关心家庭,自觉地为家庭做贡献、争荣誉的心理。具有家庭荣誉感的人会自觉地维护家庭的名誉,并为家庭的名誉和声望而感到自豪。

家庭荣誉感会深深地影响一个人的价值观,许多百年老店之所以能传承至今,上演子承父业、光宗耀祖的故事,就是因为家族中的子孙后代具有很深的家庭荣誉感,他们珍惜代代传承的祖业,珍惜来之不易的名誉和声望,因此努力延续家族事业,让家族企业不断发展壮大。

家族荣誉感也是一种使命,它可以贯穿人的一生,让人产生上进心,努力推动自身和家庭向上发展。如果一个人缺少家庭荣誉感,那么,他将会更容易丧失前进的动力。

家庭荣誉感是一种约束,它可以为我们的言行画一条底线,时刻提醒我们不要"出格"。

百年老店同仁堂在乐氏家族的经营下,传承了300余年,"修合无人见,存心有天知"是同仁堂的服务宗旨,也是乐氏家族的自律准则。这个准则的背后是一种深深的家族荣誉感和企业荣誉感,在这种荣誉感的驱使下,同仁堂几百年来始终坚持"炮制虽繁必不敢省人工,品味虽贵必不敢减物力"。这也是同仁堂能够传承至今的秘密。

那么,家庭荣誉感应该如何建立呢?我们又应该如何通过用家庭荣誉感,杜绝贪腐呢?答案是在家庭中营造清廉、简朴的氛围,以身作则,成为家人的清廉榜样。

首先,我们要在家庭中营造清廉、简朴的氛围,帮助家人养成清廉的生活作风,让家人明白廉洁的重要性和贪腐的危害,让贪腐成为"家耻"。

清风传家，严以治家

☆········☆········☆········☆········☆

某镇的江镇长一家的生活十分俭朴，亲朋好友到他家里做客时，都劝他重新装修房子，改善生活环境。但他说："对物质的追求是没有止境的，勤劳俭朴的生活才是最踏实的。"他的妻子在生活中也十分勤劳朴实。他们夫妻二人相互扶持，互敬互爱，孩子也十分好学上进。江镇长还经常给孩子讲廉洁故事，告诫家人清廉的重要性。

因此，江镇长家中的家风清廉、朴实，赢得了同事和朋友们的尊敬和一致好评。江镇长的家庭中也建立起了强烈的家庭荣誉感。他和家人都严格要求自己，将"贪腐"看作洪水猛兽，将廉洁、俭朴视为家庭的自律准则。

☆········☆········☆········☆········☆

如果我们也能在家庭中营造清廉、俭朴的风气，在潜移默化中让家人了解贪腐的危害，那么，我们的家庭荣誉感也会逐渐形成。比如，我们可以帮助子女养成节俭的生活习惯，培养子女正确的金钱观；对家人进行廉洁教育，让家人意识到贪腐可耻；关心、关爱家人，增强家庭的凝聚力。

其次，我们要以身作则，成为家人、子女的清廉榜样，让清廉成为家风，并逐步建立家庭荣誉感。

如果仔细观察清廉者和腐败者的家庭环境和家庭教育，我们不难发现二者在子女的教育上采取了完全不同的方式。廉洁的党员干部往往更看重子女的精神生活，他们要求子女有健康的生活习惯、正确的人生态度，还要求子女知书达理、修身明德。最重要的是，他们以身作则，用自己的言行教会子女什么是清廉。

贪腐的党员干部则相反，他们更注重子女的物质生活，想方设法地为子女创造优越的物质条件，让子女生活在追名逐利、贪图享乐的生活环境中。他们的贪腐行为和追求奢侈享乐的作风会让子女有样学样，还会让子女的价值观发生扭曲。

两种截然不同的教育方法，会让子女形成不同的价值观，养成不同的待人处事方法，整个家庭的家风也会发生变化。前者的家风廉洁、质朴，以贪腐为耻，以清廉为荣，具有较强的家庭荣誉感；后者的家风奢靡，注重名利，对贪腐不以为意，甚至习以为常，没有家庭荣誉感。

为了让子女健康成长，为了形成清廉的家风，建立家庭荣誉感，党员干部应该以身作则，言传身教，在工作上忠于职守，兢兢业业；在经济上两袖清风，不贪不占；在人格上清清白白，堂堂正正；在生活上不攀不奢，勤俭朴素。党员干部要身体力行地维护家庭荣誉感，成为清正廉洁的好榜样。

中国自古以来就有将"齐家"看成"治国"的前提，将家庭教育看成"国之根本"。因为，家庭是社会的细胞，是社会和谐发展的基础。对于反贪腐而言，家庭也是一道防线。我们必须通过建立家庭荣誉感筑牢这道防线，将家庭建设成为廉洁的温馨港湾。

5. 只有清廉家庭，才会受人尊重

在反腐题材电视连续剧《人民的名义》中，汉东省委副书记兼政法委书记高育良婚内出轨，并与妻子吴惠芬离婚。但是，为了不让自己的仕途受到影响，他选择与吴惠芬继续同居，做一对假夫妻。而吴惠芬则利用高育良的权力为自己谋私。

在观众看来,高育良和吴惠芬的婚姻关系是畸形的,他们的家庭也不是温馨的港湾,而是利益的联盟。这样的家庭是可悲的,也是与幸福无缘的。

亲密、信任、温馨、和谐、互敬互爱……是所有家庭应有的底色,党员干部的家庭也应该如此。可是,随着有些党员干部的腐化堕落,他们的家庭也会遭受严重的冲击,亲子关系、夫妻关系破裂,或者异化变质。在许多贪官家庭中,夫妻反目,势同水火的现象屡见不鲜,配偶、子女、兄弟姐妹沦为权力掮客的现象也并不少见。

☆┄┄┄┄☆┄┄┄┄☆┄┄┄┄☆

某市卫生局原副局长田某因受贿300万元,被判处15年有期徒刑。在狱中服刑的他说:"造成这样的结局,我的妻子有一半责任。"田某的话中固然有推卸责任的成分,但他的妻子黄某的确在他的贪腐之路上充当了重要的角色。

自从黄某当上了卫生局局长,不少医药企业想从他身上"找门路"。其中有些企业并不直接接触田某,而是走"夫人路线",找上了田某的妻子黄某。黄某在金钱的腐蚀下,成了丈夫的权力掮客,夫妻俩一起走上了贪腐的道路。东窗事发后,田某与妻子黄某互相指责,反目成仇。

某大型国企原经理刘某长期在外地工作,自觉其亏欠家人。于是,他用安排家人在与他有利益输送关系的私人企业中挂职吃空饷,还帮他们承接经营项目。刘某企图用金钱弥补家人,可是,东窗事发之时,家人却因为他的"关心"和"弥补"和他一起成了阶下囚。

某市原市委常委郑某因收受巨额贿赂被立案调查,他的妻子、女儿、女婿都未能幸免。家庭中廉洁的失守，让亲情错位，让家人咽下了苦果，让家庭走向破碎。

☆━━━☆━━━☆━━━☆━━━☆

因贪腐而扭曲、异化的家庭令人唏嘘，但是，这些终究是咎由自取，如果当初不伸出贪腐之手，如果当初筑牢了家庭这道反贪腐的防线，一切就不会发生。为了避免这样的悲剧，我们从源头开始防范，在家庭中撒下清廉的种子。

贪腐家庭的反面是清廉家庭，这样的家庭是温馨幸福、积极向上的，也是令人尊敬的。清廉家庭的温馨与幸福，从来不是名车豪宅、钟鼓馔玉，而是平淡安宁、和谐团圆。爱国、敬业、勤勉、俭朴、守法等是清廉家庭的共同特点，这些特点让清廉家庭成了清廉干部成长的沃土。

党员干部在建设清廉家庭时，要牢牢抓住以下三个要点。

第一，树立正确的价值观。清廉家庭中应该树立正确的价值观，上面案例中的"不做亏心事，才能吃一世的安稳饭"，以及人们常说的"一分耕耘，一分收获"就是一种朴素的廉洁价值观，我们应该在家庭中反复强调这类价值观，并使它们深入每个家庭成员的心中。

第二，形成行为准则。清廉家庭中应具备一套行为准则，比如，上述案例中小马父亲提到的"清清白白做人，兢兢业业做事"和小马母亲所说的"好处安身，苦处用钱"，清廉家庭的行为准则可以是世代流传的人生智慧，也可以是我们自行总结的人生经验。这些行为准则可以成为我们立身、处事、为官的准则。

第三，传承优秀品质。清廉家庭中的优秀品质要代代传承，长辈要言传身教，晚辈要虚心学习，并在工作和生活中践行。上述案例中的小马就将从父母那里传承的优良品质，继续传递给自己的孩子。只有这样，清廉家庭的沃土才不会干涸。

对于党员干部来说，清廉的家庭是最坚固的廉洁堡垒，可以抵御贪腐的侵蚀；是最有营养的土壤，可以输送精神养分，为个人的成长提供力量。因此，党员干部应该带领家庭成员共同建立清廉家庭。

6. 持之以恒，让廉洁成为家庭习惯

家庭是温馨的港湾，是幸福的源泉，每个人都希望拥有一个温暖的家庭。但是，对于很多党员干部来说，经营好家庭，处理好家庭与事业的关系，是一个问题。为了解决好这个问题，党员干部应该让廉洁成为家庭的习惯。

良好的习惯是一种令人受益终身的资本，而且，随着时间的推移，习惯的力量会越来越强大。如果我们能让廉洁成为家庭的习惯，那么我们就不容易为权力、金钱所惑，能够做到"心不动于微利之诱，目不眩于五色之惑"。最重要的是，廉洁的习惯，能让我们在思想上建立牢固的防腐堡垒。

事实上，大多数党员干部都能做到廉洁奉公，而且，他们的家庭都有廉洁的习惯。

老张就是这样一位廉洁的好干部，他之所以能做到数十年如一日地保持廉洁，是因为他的家庭中有廉洁的习惯。

有一次，老张回老家看望父母，为了表达自己的孝心，他

第二章 修德为上，以贪为耻传清廉家风

特意带上了一瓶好酒。可是，当他把酒拿出来以后，父亲的脸色却变得凝重起来。吃完午饭后，父亲将老张拉到一边，说道："你现在的事业发展得很好，我和你妈都为你高兴。但是，你可千万不能做违法乱纪的事啊。"

父亲的话让老张一头雾水，他说："爸，我怎么违法乱纪了？"

父亲说："你现在都喝上这么好的酒了，你一个月的工资是多少？经得起这么花吗？这就是别人送的吧？你千万不能拿不该拿的东西！"

老张笑着回答父亲："这酒是我用自己的钱买的，这还不是为了孝敬您，我平时不会买这么贵的酒，偶尔买一两瓶，我的工资还是够用的。"

父亲说："那就好，你好好生活，认真工作，把自己的日子过好，就是对我们最大的孝敬。下次回来不要花这么多钱买酒了。不过，我还要叮嘱你一句，不该拿的钱一分都别拿，不管做什么事，都要堂堂正正，要对得起自己的良心。"

听到父亲的叮嘱，老张说："您放心，我心里有数，我绝不会做触碰底线的事。"

从老张与父亲的对话中，我们可以看出，老张的家庭中有廉洁的习惯，父亲时刻监督和提醒儿子拒绝贪腐，儿子也在廉洁习惯的影响下，成为一名廉洁奉公的好干部。

☆　☆　☆　☆　☆

和老张一样的好干部还有很多，他们真的做到了"常在河边走，坚决不湿鞋"。他们的事迹告诉我们一个事实：廉洁可以成为一种习惯，一种常态，一种生活方式。习惯是比意志力更加强大的力量，它可

以为我们的行为提供强大的驱动力,当"习惯成自然",廉洁就深深地刻进了我们的思想和行为的深处。

不过,养成廉洁的习惯并非一日之功,让廉洁成为家庭习惯就更不容易了。习惯的养成离不开恒心和意志力,如果我们的意志不够坚定,没有持之以恒的精神,是很难让廉洁成为家庭习惯的。

在做好打"持久战"的心理准备之后,我们可以从以下五个方面入手,养成廉洁的生活方式,帮助家庭成员加强廉洁意识,让廉洁成为家庭的习惯。

第一,在家庭中长吹"廉洁风"。我们要常常在家中开展廉洁教育,将正确的价值观、荣辱观传递给家人。我们还要经常引导家人关心时事,让家人了解国家的政策、法规,成为知理、懂法的明白人。此外,我们还要经常给家人讲真实的反贪案例,让警钟长鸣。只有这样,才能在家庭中形成廉洁意识。

第二,把好家庭的"廉洁关"。我们要当好家庭廉洁的"守门员",管好子女,监督配偶,和家人一起做到洁身自好,廉洁自律。我们要守好家门,谨防家庭的廉洁阵地失守。许多贪腐行为都是从家庭中滋生的,我们必须做到防微杜渐,一旦发现贪腐的萌芽,就要及时地将其扼杀。

第三,绷紧家中的"廉洁弦"。我们要严于律己,遵纪守法,自觉做到"不取不义之财",守住自身的清廉。此外,我们还要绷紧家庭中的"廉洁弦",加强家庭中的防腐、反贪意识,让家人在利益的诱惑面前保持清醒。只有绷紧心中的那根弦,我们在生活和工作中才不会"越界"。

第四,培养家庭"廉内助"。一方面,我们自己要成为家庭"廉内助",要不断强化家庭中的廉洁意识,提升家人的拒腐防变能力,及时发现和劝阻家庭中的不廉洁的行为。另一方面，我们要将家人培养成"廉内助"，让他们发挥监督作用，并自觉拒绝不义之财，成为我们廉洁奉公之路上的强大助力。

第五，做好家庭的"廉洁模范"。言传不如身教，说一百遍不如做一遍，我们应该用自己的廉洁行为，用清廉俭朴的生活方式影响家人，并持之以恒地坚持下去，让廉洁成为家庭的习惯。一旦廉洁的习惯形成，我们就拥有了一道防腐反贪的强大防线。

廉洁与贪腐往往只有一线之隔，如果我们跨越了那条线，必将受到法律的惩处和道德的谴责。因此，我们一定要远离贪腐。而远离贪腐的最佳途径，就是建设家庭廉洁防线，培养清廉家风。因此，我们要树立廉洁价值观，恪守官德，洁身自好，用清廉维护家庭的名誉和声望，建立家庭荣誉感，让廉洁成为家庭的习惯。

归根到底，树立清廉家风就是要修炼德行，用正确的价值观、坚定的意志、高尚的品德修养和优良的习惯拒绝诱惑，拒绝贪腐，将"以贪为耻"镌刻在家风中。

第三章

俭朴为本,崇俭抑奢传勤俭家风

奢靡享乐是贪腐行为的重要诱因,勤俭则是塑造清廉家风的关键。党员干部要意识到奢靡享乐的危害性,要杜绝自己和家人的享乐主义思想,摒弃面子观念,不搞攀比。此外,党员干部还要厉行节俭,以身作则,带领家人共同培育勤俭家风。

第三章　俭朴为本，崇俭抑奢传勤俭家风

1. 勤俭助清廉，奢靡助贪贿

无数的历史教训告诉我们，奢靡享乐是贪贿腐败滋生的温床，人一旦养成奢侈的生活作风，并为满足自己的欲望而不择手段，就会逐渐走向腐败。因为"由俭入奢易，由奢入俭难"，当我们从"俭"走向"奢"，清正廉洁的道路就将难以走稳、走远。

☆┄┄┄┄┄☆┄┄┄┄┄☆┄┄┄┄┄☆┄┄┄┄┄☆

《韩非子·喻老》中记载了一个故事："昔者纣为象箸，而箕子怖。"商纣王做了一双象牙筷子，太师箕子感到害怕。因为，箕子看到了象牙筷子背后数不清的山珍海味、锦衣华服和琼楼玉宇，也看到了纣王的欲壑难填，他为国家的命运而感到担忧。商王朝和纣王的结局如他所料，"居五年，纣为肉圃，设炮烙，登糟丘，临酒池，纣遂以亡"。

☆┄┄┄┄┄☆┄┄┄┄┄☆┄┄┄┄┄☆┄┄┄┄┄☆

一双小小的象牙筷子预示了商王朝的覆灭，当商纣王拿起象牙筷子时，就意味着他抛弃了勤俭的德行，选择了奢靡享乐。当欲望无限膨胀后，象牙筷子已经不能满足纣王，于是他创造了骇人听闻的酒池肉林、炮烙之刑，只为了满足自己的欲望。潘多拉的盒子一旦打开，欲望和贪婪会接踵而至，当无限膨胀的贪婪和欲望遭遇了权力和诱惑，结果可想而知。

因此，勤俭不仅是一种生活方式，更是一道保险，帮助我们恪守为人、为官的底线。"静以修身，俭以养德"的道理由来已久，从古至今，人们都对节俭的品德给予高度评价。古代先贤的勤俭事迹流传至今，仍然为人们所称道。

☆------☆------☆------☆------☆

北宋名臣范仲淹以"清苦俭约著于世"，他从小饱尝人世间的艰辛，养成了安于清贫的性情和勤俭节约的生活习惯。儿子结婚时，范仲淹再三交代不要添置昂贵的家具和华丽的衣服，要和普通人家一样。但是，儿媳提出想用绮罗做一顶蚊帐。范仲淹知道后生气地说："我家素来节俭，不能因此乱我家风。"

清代名臣于成龙为官30多年，始终布衣素食，勤勉爱民。他担任两江总督时，江南奢靡之风盛行。为了改变这种风气，他以身作则，推行节俭的生活方式。一段时间后，奢靡的风气被改变了，权贵们脱下绫罗绸缎，改穿布衣了。

古代帝王中也有不少勤俭模范，其中以汉文帝刘恒和宋太祖赵匡胤最为著名。汉文帝在位的23年间，宫殿、车马、园林等都没有翻新过，他平时只穿粗衣，帷帐上也不加刺绣装饰。宋太祖赵匡胤的衣服上经常打满补丁，也不用珠宝装饰冠冕，他曾用芦苇编织卧室的门帘。他经常教育臣子勤俭节约，并将粗布衣服赏赐给他们。

☆------☆------☆------☆------☆

上面的这些案例告诉我们，勤俭是一种传统美德，它通常与清廉、正直等优秀品质息息相关。因此，勤俭是古代官员升迁考核的重要标准，据《汉官仪》记载，官员应具备的"四行"包括"敦厚、质朴、逊让、节俭"。人们认为，对于为官的人来说，勤俭可以修身养性，培养良好的德行和志向，可以戒奢戒逸。因此，具有勤俭美德的人，在为官时，必定能做到清正廉洁。

勤俭有助于培养清正廉洁的作风，奢靡会助长贪污受贿的冲动，这几乎是被全世界证明过的真理。世界上那些俭朴勤劳之人，不管做出了多大成绩，取得了多高的社会地位，拥有了多少财富，自己的物欲却是很少的，不讲吃不讲穿，更不讲享乐和排场，粗茶淡饭、粗衣素袍，从来不去计较。

比如，孔繁森大部分工资用于帮助有困难的群众，他给群众买药或扶贫济困时，一出手就是上百元，多的时候拿出上千元。但是，他自己和家人的生活却十分拮据。妻子到西藏探亲时，为了治病将返程路费花光，只好向孔繁森要钱，但孔繁森也没钱，东挪西借才凑了500元，然而回程机票要800元，妻子不愿让孔繁森为难，只好向熟人借了300元。回到济南后，孔繁森的妻子又去探望上大学的女儿，女儿一见到她就说："学校要交学杂费，我写信找爸爸要，可是他让我找你要。"但孔繁森的妻子身上剩下的钱连车票都买不到，又哪来的钱给女儿交学杂费呢？

孔繁森一家虽然过着拮据的生活，但他们毫无怨言。孔繁森为了群众的幸福，节衣缩食，艰苦奋斗，他的妻子和女儿也理解他、支持他。

而那些贪腐之人，大多习惯了奢靡的生活，欲望无止境，才导致了

贪腐无尽头。最终不仅自己陷入欲望的黑洞,也把家庭拉入贪腐的深渊。

比如,人称"铁蝴蝶"的前菲律宾第一夫人伊梅尔达·马科斯,在担任第一夫人期间用各种手段贪污了100亿美元。伊梅尔达在丈夫当上总统后,通过国家机器为自己输送利益,她的肆无忌惮,让身为总统的丈夫心惊不已。

在伊梅尔达的房间里,名贵的香水摆满梳妆台,名贵的皮包、皮鞋、服饰更是不计其数,就连房间里的洗脸盆都是镀金的。她的奢靡生活可见一斑。令人感到无比讽刺的是,伊梅尔达的丈夫被依法审判,她却带着巨款逃之夭夭了。虽然她侥幸逃脱了,但她已经被钉在了历史的耻辱柱上。

无数事实告诉我们,越是勤俭之人,越是守得住寂寞,耐得住清贫,不为钱所诱,不为利所动,两袖清风,为人清白。越是勤俭的家庭,越不会出贪污腐败的事情,而是甘守清贫,甘心奉献,不计得失。

比如,人民的好公仆焦裕禄就是清正廉洁的典范,他一生勤俭,将所有的时间和精力都放在工作上。他身患肝癌但依然坚持工作,起风沙的时候,他带头探查风口和流沙;下大雨时,他带头蹚着齐腰深的水查看洪水流势;风雪漫天时,他带领干部为贫困群众送救济粮款。

焦裕禄的被子上有42个补丁,大家劝他换新的,他说:"灾区人民比我更需要,其实我这就很好,比我要饭时披着麻包片，住在屋檐下避雪强多了。"他身上的衣服、鞋袜也是补了又补，缝了又缝，都破旧得厉害，但他就是舍不得换。

他的家庭，同样是以俭为荣、崇俭抑奢的典范。焦裕禄为了培养孩子们勤俭节约的好品质，经常利用休息时间带孩子们下乡帮助群众捡拾麦穗、豆子、花生等农作物，让他们体会农民种庄稼的艰辛，懂得粮食来之不易。

焦裕禄在去世前嘱咐妻子："我死后，你会很难，但日子再苦再难，也不要伸手向组织上要补助、要救济……"他的家人谨记他的叮嘱，没有向组织要一分钱，过着艰苦朴素的生活。

焦裕禄一生都过着勤俭的生活，他从不追求奢靡享乐，把有限的时间全部投入为人民服务中。在他的身上，勤俭和清廉如影随形，相辅相成。

勤俭助清廉，奢靡助贪贿。为了守住底线，坚持走清廉的为官之路，我们要时刻提醒自己坚持勤俭节约、艰苦朴素的优良传统，杜绝奢侈享乐，用勤俭铸成清廉的堡垒。给家人一份安心，给人民群众一份放心，给自己一份坦然。

2. 杜绝享乐思想，奢靡享乐不是福

"历览前贤国与家，成由节俭败由奢。"唐代诗人李商隐的诗句不仅道出了家国兴衰的缘由，更指出了奢靡享乐的危害。事实上，"祸因

享乐处起,福从忧患中来"的道理人人皆知,但杜绝享乐思想却不是一件容易的事。

享乐主义思想会腐蚀灵魂,麻醉心灵,会让我们成为物质富足,精神空虚的"行尸走肉",是不得不提防的"慢性毒药"。可是,面对奢靡享乐的诱惑,有人选择了明知故犯,以公权享乐,以权力寻租,让自己一步步滑入深渊。还有人选择了消极旁观,不主动参与也不抵制,被动地被"潜规则"裹挟,违背自己的本心。

为了坚决杜绝和抵制奢靡享乐,我们必须更加深刻地认识它的危害。

对于个人而言,奢靡享乐思想会让人将理想和信念抛诸脑后,将追求财富当作人生的最高目标;还会让人以虚荣为乐,以追求"面子"为行事准则。长期沉湎于奢侈享乐的人往往很难逃离被金钱和权力异化、腐蚀的命运。

对于家庭而言,奢靡享乐思想不仅会让子女养成"骄、奢、逸"的恶习,还会让家庭由幸福兴旺走向衰败。俗话说"兴家犹如针挑土,败家好似浪淘沙",如果染上奢靡享乐的习气,万贯家财也会被挥霍一空。

对于国家而言,奢靡享乐思想会败坏社会风气,扭曲价值观,消解一切向上的力量,进而使国家失去进步和发展的动力,一步步走向灭亡。强盛如古罗马帝国也在穷奢极欲中走向了衰败。

最重要的是,奢靡享乐的风气是贪腐的温床,许多党员干部的贪腐都是从追求奢靡享乐开始的。对奢侈品和奢侈生活方式的追求让他们向不义之财伸出了手。

☆⋯⋯☆⋯⋯☆⋯⋯☆⋯⋯☆⋯⋯☆

某市政府原秘书长汪某对奢侈品有着近乎疯狂的迷恋。为了购买和收藏奢侈品,她滥用职权,以权谋私,收受巨额贿赂。办案人员在她的家中搜出大量奢侈品牌服饰、鞋包、手表等。她还有一套专门用于存放奢侈品的房子，其中存放着大量高级名牌服饰、奢侈品牌手提包、几十块名牌手表，以及多件金银首饰。

汪某对检察官说："我喜欢名牌，把这些名牌穿在身上，我感觉很自信、很轻松。"

☆ ················ ☆ ················ ☆ ················ ☆ ················ ☆

对奢侈享乐的追求，促使汪某想方设法地敛财，她视手中的权力为敛财的工具，视法律如无物，疯狂地利用职权受贿、索贿。贪腐的口子一旦打开，就一发不可收拾，汪某就这样在贪腐的道路上越陷越深。

无论从家庭兴旺的角度，还是从防腐拒变的角度来看，奢靡享乐都是有百害而无一利的。唯有拒绝奢靡享乐，保持清醒，坚持信念，才能走得更远。

☆ ················ ☆ ················ ☆ ················ ☆ ················ ☆

南宋名臣朱熹一生清贫节俭，从不耽于奢靡享乐。有一次，他去女儿女婿家，当天女婿外出，女儿留他吃午饭。但由于家中贫困，女儿只能为他端上大麦饭和葱汤。对此，女儿十分愧疚。但朱熹却不以为意，反而告诉女儿节俭是良好家风。他还为女儿题诗一首："葱汤麦饭两相宜，葱补丹田麦疗饥。莫道此中风味薄，隔邻犹有未炊时。"朱熹的女婿和女儿大为感动，将这首诗作为家训悬挂在书房里。朱熹是历经四朝的名臣，又是著名的理学家，却能安于清贫，不被奢靡享乐诱惑，这恐怕正是他为官、治学成功的"秘籍"之一吧。

☆ ················ ☆ ················ ☆ ················ ☆ ················ ☆

清风传家，严以治家

《钱氏家训》中有一句话："勤俭为本，自必丰亨。"持家要以勤俭为本，只有这样，家道才会兴旺。做人、做事和做官的道理也是如此，只有杜绝奢靡主义，以勤俭为要，才能走得更远。

杜绝奢靡享乐要从两个方面抓起。第一个方面，我们要从生活点滴做起，培养正确的生活方式和个人爱好，用平和的心态面对物质的诱惑，警惕奢靡享乐的诱惑和歪风邪气的侵蚀，坚决不取不义之财，不伸不法之手。"千里之堤，溃于蚁穴"，如果不保持警惕，吃喝、打牌、聚会等"小事"也会变成"大事"。

第二个方面，我们要从家风建设着眼，加强对子女的教育、对配偶的监督，杜绝家庭中的奢靡享乐习气，让家庭成为勤俭、向上、正气、清廉的港湾。

拒绝奢靡享乐的诱惑和裹挟，是保持清正廉洁的基本前提。如果我们能摒除私心杂念，踏踏实实做人、做事，在家中树立勤俭家风，在工作中做到防微杜渐，就能让享乐奢靡之风无处容身。

3. 摒弃面子观念，腐败毁家只会让颜面扫地

面子，是一个值得玩味的词语，它根植于中国传统文化，有十分丰富的内涵。如今，没有一位学者能给"面子"下一个定义，但在中国文化的语境中，面子可以代表社会地位、人际关系、财富、声望、信誉、尊严等。

在中国社会，人们大多看重面子，害怕丢面子，希望别人给自己面子，也愿意给别人面子，会为自己做面子、保面子，给别人撑面子。

第三章 俭朴为本，崇俭抑奢传勤俭家风

"人活脸，树活皮""面上有光""太有面子了"等俗语都体现了人们对面子的重视。有的人甚至为了面子做出损人不利己的事。

有一部分党员干部就是面子观念的忠实拥趸，他们将面子放在第一位，在工作中大搞"面子工程"，认为自己能贪能腐会享乐、会吃会要家庭富，就是自己"有本事"的体现，就让自己有了"面子"，也让家庭有了"面子"，甚至为了这样的面子走上贪腐的道路。

某省原防空办公室主任高某，在任职期间收受贿赂多达200多万元。高某落网的原因是索贿不办事，被某项目承包人举报。高某原本有光明的前途，但他却因为"面子之争"而走上贪腐毁家的道路。

高某在工作上雷厉风行，但在为人处世方面有些霸道。有一次，他与人发生了口角，对方突然说："你有什么好得意的，不就是一个厅级干部吗？挣得还没有我多。"高某听了这话，感到十分愤怒，他认为自己被羞辱了，自己的面子受到了损害。为了争回面子，高某将手中的权力与金钱画上了等号，开始通过权钱交易为自己敛财。

高某为了敛财，在拨付工程款时故意刁难承包人，用"拖字诀"不及时签字拨款，并暗示承包人"出点血"。通过这种方式，他成功索贿达200多万元。然而，玩火者终有自焚的一天，高某被行贿者举报，受到了法律的惩处。

高某了争面子，置法律和职责于不顾，让自己成为阶下囚，颜面扫地。表面上看，高某是因为索贿后不办事而东窗事发，实际上，这是高某贪腐行为导致的必然结果。

清风传家，严以治家

高某的故事提醒我们：用贪腐行为"争面子"，只会让我们颜面扫地。党员干部应该正确认识面子问题，及时摒弃面子观念，不要让个人的面子凌驾于法律之上，更不要为了争面子而收取不义之财。

面子观念很容易让人产生攀比心理、虚荣心理和骄奢淫逸的苗头，如果任其发展，必然会产生贪腐。因此，我们必须警惕面子观念，放下自己的面子，保持勤俭朴实的作风，让贪腐行为失去温床。

当然，和高某一样为争面子疯狂敛财的党员干部只是少数，更多的党员干部面临的是"抹不开面子"的问题。

有的党员干部在进行公务接待时遇到了老熟人，就"抹不开面子"了，认为接待标准太低会让自己没面子，便擅自提高接待标准，进行超规格接待。很显然，这属于违纪行为，涉事的党员干部都会受到纪律处分。毕竟，在党纪国法面前人人平等，谁也不用给谁面子。

因"抹不开面子"而进行超规格接待虽然是违纪行为，但尚在情理之中，而下面案例中的事件就十分荒唐可笑了。

☆ ----------- ☆ ----------- ☆ ----------- ☆

某乡政府职员小张调任到另一个乡镇任职，为了让自己到新单位报到时"有面子"，小张请求原单位的领导为自己送行。在小张的软磨硬泡下，该乡镇的几位领导"抹不开面子"，只好组成了一支送行队伍，将小张送到了新单位。新单位的领导看到小张如此阵仗，也"抹不开面子"，只好为小张举办了接风仪式。

结果，一封举报信，让所有参与送行、接风的党员干部（包括小张），都受到了纪律处分。

☆ ----------- ☆ ----------- ☆ ----------- ☆ ----------- ☆ ----------- ☆

面对小张提出的不合规要求，不管是原单位的领导，还是现单位的领导，竟然都因为"抹不开面子"而违反纪律，实在令人啼笑皆非。在纪律面前，这些"抹不开面子"的人最终都颜面扫地。

受传统文化影响，中国社会将面子捧得很高，有时候甚至会让我们产生"没了面子，就寸步难行"的错觉。别人看在我们的面子上帮忙办了事，那么，当别人需要我们帮忙时，我们也要还给别人面子。在面子的来往中，不仅涉及自己的面子，还涉及家人的面子，我们很容易就被"捆"住了手脚。在当前的社会氛围中，面子问题会使很多人左右为难。很多党员干部之所以走上贪腐的歧路，就是因为他们在关于面子的抉择中，选择了错误的方向。

这部分党员干部之所以会受困于面子观念，始终不能摒弃面子观念。事实上，一些党员干部认为会捞能要、家庭富裕享乐就是有面子，于是疯狂捞钱，讲排场，找关系，说大话，办私事，虽有一时风光，却最终因为贪腐落得个家破人入狱的下场，这才是最丢面子，最让家庭颜面扫地的事情。

为了避免贪腐毁家，我们应该彻底地摒弃面子观念。如果我们为了保住面子而选择了贪腐，那么我们的家庭会遭到破坏，我们的面子也将荡然无存。与其追求面子，不如追求里子，用真才实学、清廉作风、优良品格来"武装"自己。

4. 不搞攀比，比奢比阔只会让腐败分子找到机会

随着商品经济的发展，人们的生活水平越来越高，消费也逐渐升级。很多人购买了更大的房子，更贵的车，吃穿也越来越讲究。这当然是无可厚非的，我们每个人都有权利追求更好的生活。但我们要警惕的是和消费一起升级的攀比之风。

比较之心，是人之常情。但是，过度攀比会让我们的视野越来越狭窄，会让我们的价值观逐渐扭曲，会让我们逐渐失去自我。有的人本来有自己的志向，却因为过度攀比而忘了自己的初衷；还有的人本来有清晰的目标，却因为过度攀比迷失了方向。

很多年轻人刚刚进入职场时踌躇满志，怀抱着远大的志向或真挚的初心，但是，因为虚荣心的作祟，他们陷入了攀比的怪圈。今天比谁的行头光鲜，明天比谁的车好，后天比谁的工资高，谁和领导的关系好，谁的妻子、丈夫条件好……

随着攀比的升级，他们的心理也会逐渐失衡，让偏执和嫉妒掌控自己的行为。具体的表现包括：不承认别人比自己强，事事攀比，追求物质享乐，嫉贤妒能，不择手段地敛财等。特别是手中有一定权力的党员干部，一旦心中萌生了这样的攀比思想，就等于给了腐败分子腐蚀自己的机会，让他们能更轻松、更简单地拉拢、腐化自己，成为他们谋取利益的工具。

第三章 俭朴为本，崇俭抑奢传勤俭家风

纵观近年来曝光的贪腐案件，不难发现一些党员干部之所以走上违法犯罪的道路，就是攀比心理在作祟。这些党员干部看到社会上的一些商人、老板一掷千金，就心理失衡了，认为自己并不比他们差，于是不择手段地敛财，疯狂地为家庭、为子女、为亲朋谋利益，最终陷入无尽的深渊。

☆⋯⋯☆⋯⋯☆⋯⋯☆⋯⋯☆

某县农业委员会原副主任杨某因贪污受贿被判处有期徒刑两年，他在回顾自己贪腐的心路历程时说："过度攀比让我心理失衡，我看到别人以权谋私时，第一反应不是贪腐可耻，而是自己'吃亏'了。"

杨某从政十几年，曾是领导心目中的骨干，同学朋友眼中的佼佼者，亲戚家人眼中的榜样。曾经的他也是一位甘于清贫、踏实肯干的党员干部。可是，随着他接触的人和事越来越多，看到的负面现象越来越多，他的心理逐渐失衡了。

他开始不自觉地和他人做比较，不是比谁的作风硬、实绩多，而是比谁的权力大、获利多，比谁的生活更"潇洒"、谁的家庭更富裕。于是，他产生了廉洁就是"吃亏"的想法，并开始利用手中的权力敛财。

杨某还为自己定下了"规矩"：不收 2000 元以上的现金。他认为烟酒、购物卡或小额现金是"人情往来"，即使被发现了，也有狡辩的余地。然而，贪腐行为一旦发生就很难"刹车"，杨某屡次突破自己定的"规矩"，从几千元到几万元，收受的现金数额越来越大，最终被欲壑吞噬。

☆⋯⋯☆⋯⋯☆⋯⋯☆⋯⋯☆

清风传家，严以治家

杨某的腐化过程令人唏嘘。物化的价值观和过度攀比心，让他的心失守了，丢失了初心和原则，甚至扭曲了他的廉洁价值观，将廉洁视为"吃亏"，最终也让他被腐败分子拉下了水。

一个人的能力和对社会的意义，一个家庭的幸福和美满，与金钱的多少、物质的奢靡，并没有直接的关系。但许多人却认识不到这一点，总认为金钱万能，物质第一，一切都以钱财来衡量，以物质来评判。东家有大房子，那就是比我家过得好；西家有豪华车，那肯定比我们更幸福。于是在金钱和物质方面不停地"比、学、赶、超"，无论如何要比他们的房子更大，比他们的车子更豪华，家庭用度要比他们更奢侈，老婆孩子要比别人家更体面，这样才显得自己也很有本事，自己家也更阔气、更有排场。党员干部一定不要有这样的心理。正如杨某所说，党员干部在从政的道路上要面对很多诱惑，接触很多负面的人和事，如果不能守住自己的心，不能树立正确的价值观、管住自己的手，就会让腐败分子有机可乘。

☆ ---------- ☆ ---------- ☆ ---------- ☆ ---------- ☆

某镇原副镇长郑某的女儿十分喜欢攀比，她认为别人有的自己也应该有，别人没有的，自己创造条件也要拥有。郑某的女儿大学毕业后在上海工作，她发现自己的一部分同事在上海买了房子，她十分羡慕，也起了攀比之心，认为自己不应该过得比别人差。

于是，她要求父亲郑某给自己在上海买一套房子。郑某对女儿十分溺爱，为了满足爱女的要求，他开始想方设法敛财。为了凑足买房款，郑某多次受贿，受贿金额多达200多万元。还没等郑某凑够钱，他就锒铛入狱了，一个原本和谐美满的家庭也分崩离析了。

☆ ---------- ☆ ---------- ☆ ---------- ☆ ---------- ☆

为了不给腐败分子可乘之机,党员干部本人和家庭,都不应该搞攀比,杜绝比奢比阔的行为。家庭最大的幸福,莫过于平安和谐,奢靡享乐的家风,比阔气搞腐败的行为,是不可能给家庭带来平安和谐的,只会毁家败家,让家庭破败没落。

对党员干部个人来说,攀比物质和金钱,也没有什么意义。要从根本上杜绝这种心理,首先要提升自己的自信心。从心理学的角度来看,攀比心理往往源于自卑和虚荣,有了自信,就会克服自卑和虚荣,就不会处处去攀比。提升自信心的唯一途径就是提升自己的实力,在工作上做出成绩,获得他人的认可。要知道,引人注目的成绩和社会的认可最能增强一个人的自信心。

其次,我们要转移比较的目标,比成绩比奉献,而不是比金钱比享受。对于党员干部来说,与他人比较的不应该是社会地位的高低,财富的多少,生活水平奢侈与否,而是在工作中做出的成绩,表现出的作风。如果党员干部能与他人比作风、比工作成绩、比清廉、比能力,那么这样的"攀比"不仅不会衍生出贪腐,还会让自己的综合素质不断提升。

再次,我们要避免横向比较。横向比较就是与他人比较,纵向比较是与过去的自己比较。纵向比较可以帮助我们找到自己的不足之处,树立自信心,让我们向着更好的方向发展。如果案例中的杨某能在与别人比较之前,先与自己比较,看看自己十几年来取得的进步,他一定会对自己多些信心,更坚定地在清廉之路上走下去。

最后,我们要建立积极的自我认知,摆脱消极的思维模式。攀比心理和比奢比阔的行为是由效益的思维模式引起的。消极的思维模式让我们无法正确认识自己,总是陷入盲目比较的怪圈。如果我们能建立积极的自我认知,善于发现自己的优点,接受自己和他人的不同,那么盲目攀比的习惯就会有所改善。还是以案例中的杨某为例,如果他能正确认识自己，意识到清廉是自己身上的宝贵品质，是党员干部必须具备的优良作风，那么，他就不会因为攀比心理而走上贪腐的道路。

值得注意的是，攀比心理不仅会给腐败分子可乘之机，还会让勤俭家风毁于一旦。为了克服攀比心理，我们在工作和生活中，应该多向外看，关注更高、更远的目标，还要多向内看，关注自己的成长。当我们有了更远大的目标和坚定的信念，就无暇与他人攀比了。

5. 勤劳旺家，花自己赚来的钱最踏实

"民生在勤，勤则不匮。宴安自逸，岁暮奚冀！"这是东晋诗人陶渊明在《劝农》中写下的告诫。勤劳可以创造财富，可以使家庭兴旺，而贪图享乐和懒惰则会让人陷入贫困，是败家的根源。

勤劳是一种美好的品质，也是人类生存和发展的必要条件。勤劳可以创造财富，通过辛勤的劳动获得生存和发展所必需的物质财富、精神财富。我们如今拥有的衣、食、住、行等物质条件，自己文化、经济、艺术、哲学、历史、科学等精神财富都是人类辛勤劳动的产物。

勤劳可以健全我们的人格，辛勤的劳动可以考验我们的意志，塑造我们的品格。我们在劳动的过程中可以体会到收获的快乐。而且，我们在用劳动换取财富的过程中，可以获得尊重，可以实现我们的价值。

一分耕耘，一分收获，是颠扑不破的真理。任何人想要获得财富和成功，都必须付出辛勤的劳动。那些企图不劳而获的人，最终只会落得"竹篮打水一场空"的下场。因此，无论是在生活中，还是在工作中，

我们都要养成勤劳踏实的习惯，并形成"用勤劳获取财富""花自己赚来的钱最踏实"的意识。

如果我们贪图享乐安逸，每天都想着不劳而获，会很容易走上歧途。那些沉迷赌博，因为贪小便宜受骗上当，或主动陷入传销陷阱的人，大都有着不劳而获的心理。还有一些人甚至走上了犯罪的道路，他们偷窃、抢劫、诈骗、勒索，企图占有不属于自己的财富，最终等待他们的是法律的制裁。这些走上歧途的人不仅让自己蒙受了损失，毁了自己的人生，也让家庭蒙上了一层阴影。

反观那些勤劳的人，他们在工作中兢兢业业，在生活中踏踏实实，用辛勤的劳动积累财富，给自己和家人带来幸福的生活。如果一个家庭中有勤劳的基因，这个家庭怎么会不兴旺呢？

勤劳是每个人不可或缺的优秀品质。而且，它对于党员干部来说尤其重要。因为，勤劳的品格可以让党员干部远离不劳而获的思想，并对不义之财坚决地说"不"。

如果党员干部贪图安逸，企图不劳而获，那么他们就很容易走上以权谋私的贪腐道路。

某县房产管理处原处长何某在单位工作近10年，精通各项业务，工作能力强。但是，他却将自己的能力用到了错误的地方。自古以来，就有"当官发财"的说法。但何某却不信邪，他想借助手中的权力不劳而获，轻松发财。

一开始，他利用职权参股做生意，收受红包和礼金。慢慢地，他不再满足于红包，开始按合同总价提成，收取高额利息。何某的胃口越来越大，贪得越来越多，最终东窗事发，锒铛入狱。

清风传家，严以治家

从表面上看，何某的不义之财来得十分"轻松"，事实上，他却为此付出了沉重的代价。不劳而获得到的财富，终究不属于自己，只有自己用勤劳双手赚到的钱才是自己的，花起来才踏实。

事实上，爱财是人之常情，我们每个人都想赚更多的钱。钱可以改善我们的生活环境，可以买到我们喜欢的东西，可以让我们去想去的地方。如果拥有足够的钱，我们还可以帮助他人。既然爱财，我们就要想办法生财。

常言道"君子爱财，取之有道"，这里的"道"就是生财的合法途径。换句话说，我们可以爱财，但是不能用不正当手段获取钱财，而是要依靠勤劳致富，依靠自己的双手赚钱。对于党员干部来说，"取之有道"就是不贪污受贿，不利用职权索贿，不利用职务之便经商，不碰不义之财。

现实生活中，一些党员干部经不起金钱的诱惑和糖衣炮弹的"袭击"，利用自己的职权敛财，企图轻松地不劳而获。敛财是为了让自己的生活水平提高，让自己过好日子。可是，这些"腐化变质"的党员干部在使用贪污受贿所得的不义之财时，真的能够心安理得吗？当然不会，面对高悬在头顶的国法和党纪，他们不会心安理得，只会惶惶不可终日。

☆ ———— ☆ ———— ☆ ———— ☆ ———— ☆ ———— ☆

反腐题材电视剧《人民的名义》中，反贪总局侦查处处长侯亮平在贪官赵德汉的别墅中搜出2.3亿元现金，这些现金被藏在墙壁里，一分未动。赵德汉虽然通过受贿获得了别墅和巨款，却被这笔不义之财压得喘不过气来，他惶惶不可终日，时刻活在担忧、紧张和愧疚中。

现实中也有人在家中藏匿大量现金，却不敢花，不敢露，还惶惶不可终日，这样的钱财贪来又有什么用处呢？

第三章　俭朴为本，崇俭抑奢传勤俭家风

不劳而获，获取不义之财看似轻松，却要付出看不见的代价。只有堂堂正正，通过辛勤劳动赚来的钱，才能花得心安理得。

勤劳是做人、处事、持家的美德，它可以令我们的家庭兴旺，让我们在人生道路上保持踏实、坦荡的作风，并收获一份心安理得。

6. 节俭持家，培养合理的消费观

节俭是中华民族的传统美德，而且十分深入人心。外出就餐时，我们能看到"光盘行动"海报，倡导节约，珍惜粮食，反对铺张浪费；使用自来水时，我们能看到"节约用水"的提示；在不少企业，我们能看到"节约能源，节省开支"的标语。节俭意识已经浸润在生产、生活的方方面面，人们也已经深刻意识到了节俭的重要性。

《朱子家训》中的"一粥一饭，当思来之不易；半丝半缕，恒念物力维艰"是对节俭的最好诠释。节俭就是要在生活中做到节约，不浪费，不铺张，不挥霍。节俭的习惯通常是在家庭中养成的，因此，我们要做到节俭持家，将节俭意识渗透到家庭生活当中。

俗话说："吃不穷、喝不穷、算计不到就受穷。"即使我们有再多财富，如果不节俭，也会挥霍一空。节俭最明显的作用是节约资源、节省开支，通过节俭的生活方式，一个家庭可以积累不少财富。不过，节俭的意义远不止于此。

节俭可以抵御消极的生活方式，让人拥有更健康的心态。只有养成节俭持家的习惯，挥霍浪费、追求享乐等不良生活习惯才会远离我们。

清风传家，严以治家

节俭的生活习惯可以让我们避免耽于物质享受，让我们有更高的追求，以更积极的心态面对生活。

节俭体现了对他人劳动成果的尊重和珍惜。力行节俭可以让我们学会尊重他人的劳动，理解财富和资源的来之不易。当我们养成节俭的习惯以后，我们就会自觉地抵御奢靡享乐的侵蚀。"静以修身，俭以养德"说的就是这个道理。

节俭还可以让我们避免很多麻烦。一个挥霍成性的人，可能会为了维持自己的生活水平，选择铤而走险，以非法的手段掠夺和侵占财物。一旦东窗事发，他就要面临法律的制裁。而节俭的生活可以遏制贪欲，避免人为的祸患。

为了养成节俭持家的习惯，我们要将节俭当成自己的分内事，让节俭贯穿我们生活的始终。不仅如此，我们还要教育自己的子女，带动自己的家人，身体力行地践行节俭。

古代先贤季文子和诸葛亮就以身作则，用节俭的生活方式影响他人，影响后世。

☆-----------☆-----------☆-----------☆-----------☆

季文子是春秋时代鲁国的宰相，他虽然官居高位，但生活十分节俭。他的家人只穿布衣，不穿绫罗绸缎。他家的骡马只用青草喂食，从不用粟米。有人认为他十分吝啬。

季文子说："吾亦愿之。然吾视国人，其父兄之食粗而衣恶犹多矣，吾以是不敢。人之父兄食粗衣恶，而我美妾与马，无乃非相人者乎，且吾闻以德荣为国华，不闻以妾与马。"

季文子的确有条件穿绫罗绸缎，骑高大的骡马，可是百姓们衣不蔽体，食不果腹，他于心不安。而且，他认为美妾和良马不能给国家带来光荣，只有美好的德行才能为国增光。

在季文子的影响下,人们开始效仿他的做法,一时之间,鲁国上下戒奢崇俭,蔚然成风。

诸葛亮是蜀国宰相,他一生奉行节俭,只用朝廷配给的衣食用度,除了俸禄之外,分文不取。他只为妻子儿女留下仅够维持生计的家业。暮年时的诸葛亮留下了这样的遗嘱:"若臣死之日,不使内有余帛,外有赢财。"他死后,果然如他的遗言所说,没有留下任何余财。

诸葛亮的节俭事迹千古传颂,他写下的关于节俭的箴言也成了宝贵的精神财富。

季文子和诸葛亮的节俭,不仅塑造了自己的品格,也影响了他人。我们应该以他们为榜样,保持节俭的生活习惯,并影响身边的家人、朋友,形成节俭的风气。

在物质丰富,生活水平不断提高的今天,除了不浪费,不挥霍,节俭还有另一种含义——合理消费。

合理消费就是符合自己收入水平的消费,为了购买高档商品而借贷,或者勒紧裤腰带过日子,都是不合理的消费行为。这样不合理的消费行为是由畸形的消费观造成的。为了养成合理消费的习惯,我们必须树立合理的消费观。

合理的消费观就是科学消费观。总结起来,科学消费观包括四个原则。

第一个原则是理性消费。我们在消费时要保持理性,避免盲从和攀比,避免购买自己不需要或者负担不起的商品。

第二个原则是用之有度。我们应该在自己的经济能力范围之内消费。合理消费并不是抑制消费,我们当然可以自由消费,但一定要把握好度。

第三个原则是绿色消费。这条原则是从环境保护和可持续发展的角度提出的，我们在消费时也要考虑可持续发展问题，避免浪费，并注意维护人与自然的和谐。

第四个原则是勤俭节约，艰苦奋斗。我们在消费时要时刻谨记节俭的传统美德，提醒自己合理消费。

养成合理的消费观可以避免挥霍、浪费，还可以杜绝攀比行为。如果每位党员干部都具备合理的消费观，那么攀比、虚荣、追求奢靡享乐的心理就会被弱化，贪腐行为发生的概率也会大大降低。

对于我们每个人来说，节俭持家的意义不仅在于减少浪费，更在于培养习惯，塑造品格。

7. 培育勤俭家风，抵挡腐败侵蚀

勤俭是人们自古以来就十分推崇的优良品质，也是抵御腐败侵蚀的撒手锏。

勤劳是一种十分宝贵的美德，自古以来就在历代先贤的家风、家训中占据了十分重要的地位。

☆┈┈┈☆┈┈┈☆┈┈┈┈┈☆┈┈┈☆

比如，宋代词人叶梦得在《石林治生家训要略》中写道："要勤"，则必须"每日起早，凡生理所当为者，须及时为之。如机之发，鹰之搏，顷刻不可迟也"。古代理学家，教育家朱柏庐在《治家格言》中写道:"黎明即起,洒扫庭除,要内外整洁。"

曾国藩也提出了"五勤":"一曰身勤:险远之路,身往验之;艰苦之境,身亲尝之。二曰眼勤:遇一人,必详细察看;接一文,必反复审阅。三曰手勤:易弃之物,随手收拾;易忘之事,随笔记载。四曰口勤:待同僚,则互相规劝;待下属,则再三训导。五曰心勤:精诚所至,金石亦开;苦思所积,鬼神迹通。"为了让子女养成勤劳的品格,曾国藩要求子女每天黎明就起床。男孩子不仅要读书,还要打扫卫生,喂猪、喂鱼;女孩子要做针线,学习下厨。

从上述家训中,我们不难看出,在中国传统文化中,人们十分注重培养子女的勤劳品格。而且,人们将勤劳视为修身、齐家和治国的重要途径。那么,为什么人们如此推崇勤劳呢?

因为,勤能戒逸,我们可以通过培养勤劳的品德,来克服贪图安逸享乐的恶习。"天行健,君子以自强不息。"意思是说,人只要活着,就应该学会从忧劳困苦中磨炼自己,而不应该贪图安逸。只要我们克服了安逸享乐的恶习,腐败也就失去了滋生的土壤。

节俭是抵御腐败侵蚀的另一个优秀品德,也是传承已久的传统好家风。

从防腐拒变的角度来看,勤俭家风摧毁了腐败的温床,让家庭反贪腐的防线更加牢固。纵观历史,我们不难发现,很多腐败行为的发生都与家风不正、治家不严有关,家庭中的安逸、奢靡享乐作风让一些官员无法守住底线,将"公家事"变成"自家事",从"一人贪"发展为"全家贪",让家庭成为腐败的温床。因此,我们一定要培育勤俭家风,让勤俭家风成为抵挡腐败侵蚀的一道重要防线。

勤俭家风的培养应该从日常生活入手,通过生活中的一点一滴,逐步养成勤俭的好习惯。

比如,我们要杜绝日常生活中的浪费,做到每顿饭不留剩饭、剩菜,随手关灯、关水。又比如,我们要养成健康的消费习惯,懂得量入为出,只购买自己能负担的东西。再比如,我们在生活和工作中要做到勤劳、踏实,认真履行自己的职责。在生活中不偷懒,不拖延,在工作中不敷衍,不推卸责任。

培育勤俭家风是一个长期的过程,我们要在生活和工作的点滴中践行勤俭,为我们的家庭注入勤俭的基因,也为家庭竖起一道抵抗腐败侵蚀的堤坝。

第四章

无欲则刚,淡看名利传淡泊家风

名和利是廉洁从政道路上的两大"拦路虎",过分追求名利会使人的心中滋生私心贪欲,而私心贪欲则是腐败的温床。为了不让腐败在家庭中滋生,党员干部要淡看名利,建设和弘扬淡泊名利的家风。

清风传家，严以治家

1. 壁立千仞，无欲则刚

清末名臣林则徐任两广总督时，在总督府衙题写了一副堂联："海纳百川，有容乃大；壁立千仞，无欲则刚。"这两句话是他不与时弊同流合污的决心，也是他一生为官做人的准则。

☆----------☆----------☆----------☆

晚清朝廷吏治败坏，贪腐成风，刚刚踏上官场的林则徐就感受到了仕途的险恶。内心苦闷的他在给友人的信中谈到官场上的种种丑恶现象，并发出"有欲刚则无，此际伏病根"的感叹。在林则徐看来，只有"无欲"的人才足够刚强，才足以抵御腐败的侵蚀。

在多年的宦海沉浮中，林则徐始终将"无欲则刚"当成自己的准则并贯彻始终。

在清末禁烟斗争中，林则徐因"无欲"而刚正不阿，让鸦片贩子们的行贿手段无法施展。当时，林则徐还未到达广州，鸦片贩子们就已经心惊胆战，企图通过惯用的行贿手段让林则徐"高抬贵手"。

"广州十三行"的洋商伍绍荣深知自己在劫难逃，便妄图用巨款贿赂林则徐，他对林则徐说："愿以家资报效。"林则徐怒斥："本大臣不要钱，要你脑袋尔！"

当时的英国商务代表义律送给林则徐一套价值10万英镑

第四章 无欲则刚，淡看名利传淡泊家风

的鸦片烟具，林则徐当场退回了这份礼物。中外鸦片贩子都多次试图向林则徐行贿，但他们都无功而返。

凭着刚正不阿、雷厉风行的作风，林则徐仅用 18 天就迫使英商同意上缴全部鸦片，并在虎门海滩销毁 237 万多斤鸦片。

林则徐一生刚正清廉，一心为民，不求名利，堪称官者的典范。

☆　☆　☆　☆　☆

林则徐之所以能够做到"无欲则刚"，一方面是因为他有经世济民的胸怀，名和利并不是他的追求；另一方面是因为他家的家风淡泊清正，在长期的耳濡目染之下，他也养成了淡泊名利的品格。

☆　☆　☆　☆　☆

林则徐任浙江省杭嘉湖道时，曾将母亲接到杭州居住了一年。时年 63 岁的母亲本可以在杭州尽情享乐，颐养天年，但她却"珍食必却，美衣弗御"。母亲的节俭克己，对林则徐产生了很大的影响。

林则徐也将这种品格传递给了儿子。他曾给三个儿子留下遗嘱："微息薄，非俭难数，各须慎守儒风，省啬用度。"他死后，每个儿子仅分到了 6000 枚铜钱。林则徐虽然担任督抚 20 年，但并没有积累下丰厚的家资，可见其清正廉洁。

☆　☆　☆　☆　☆

在熙熙攘攘、五光十色的当代社会，面对着各种令人目眩神迷的名利诱惑，能像林则徐一样做到"无欲则刚"的人又有多少呢？

人生在世，我们总有一些自己的追求，很难做到"无欲无求"。但

是，党员干部若想成为诚信为民的公仆，严守纪律的好官，持续奋斗的勇士，就应该有一点淡泊名利之心。

对于党员干部来说，追名逐利就是最容易导致贪腐的"欲"。只有将名和利看淡了，才能达到"壁立千仞，无欲则刚"的境界。不过，看淡名利并不代表不思进取。党员干部在名利面前要调整心态，既要有进取心，扑下身子真抓实干，在事业上有所作为，又要保持平常心，不将物质、职务、荣誉等看得过重，用宠辱不惊、顺其自然的态度面对工作中的得失。

对待名利的态度，是党员干部党性、修养、官德、思想的"试金石"。只有那些将追名逐利之心放下，将身段放下，用奋斗和实绩证明自己的党员干部才是不怕火炼的"真金"。

淡泊名利并不是一句空洞的口号，而是广大党员干部应该认真践行的精神。党员干部可以从工作、生活的各个方面"修炼"自己的淡泊名利之心。

首先，党员干部要在家庭中树立淡泊名利的好家风。家风是家庭成员精神成长的源头，有什么样的家风就有什么样的为人处世。淡泊名利是一种家风，也是一种操守，有了这种操守，才能不为名利所左右，才能坚守底线，行稳致远。

其次，党员干部应提升自己的修养，提高道德境界，追求高尚情操；要树立正确的人生观，正确认识名利，追求更远大的人生目标；要让目光看得更长远，不要一味盯着眼前的蝇头小利；要关心国家和人民的利益，不要专注于个人私利。

最后，我们应该明白，只有淡泊名利的人才能不被名利束缚，从容面对人生。与其受制于名利，不如放下名利，以"壁立千仞，无欲则刚"的心态做出一番事业，并将淡泊名利的好家风传承给下一代。

2. 私心贪欲是滋生腐败的温床

通过梳理一些党员干部落马的经历，我们不难发现，他们以及他们的家人陷入贪腐深渊的原因在于"私心"二字。由于私心的作祟，有的党员干部罔顾党纪国法，无视人民群众的利益，甚至敢于顶风违纪。私心是滋生腐败的温床，就算手中的权力再小，有些党员干部也会想方设法地以权谋私。

☆————☆————☆————☆————☆

黄某是某大型国企的库房主管，手中掌握着开具出库单、入库单的权力，而入库单是供应商结算货款的凭证。黄某利用手中的权力，向供应商索取钱财，如果供应商不给，他就不开具入库单。

然而，多行不义必自毙，有一次，某企业被黄某索取2万元后，愤而将黄某举报。黄某因此被判处有期徒刑6个月。他的家庭、前途和人生都被蒙上了一层阴影。

☆————☆————☆————☆————☆

和黄某一样放纵自己的私心，就是自毁前程。作为党员干部，我们必须克制蠢蠢欲动的私心，将国家和人民群众的利益放在心上，用一颗公心来抵御私心。

不可否认的是，我们每个人的心中都有一架天平，天平的一端是公,另一端是私,党员干部也不例外。如何平衡心中的天平,是一心为公,还是一心为私,考验着党员干部的品德修养、职业道德和责任担当。

如果凡事出于公心,就会心存善念,做出善举;如果凡事出于私心,就容易做出恶行,产生狭隘之心。对于党员干部来说,公心重则为官清正,谨慎对待手中的权力;私心重则为官昏聩,容易以权谋私。

私心是贪欲的根源,是很多党员干部贪腐的根源。当私心膨胀时,我们的思维会受到蒙蔽,我们的心胸会变得狭隘,我们的眼中也只剩下私欲和私利。此时,原则、党性、公平正义都会为私利让路,贪腐也会随之滋生。党员干部想要清廉为官,就要先去私心,建设不重私心,不重私利的好家风。只有这样,我们才能在大是大非问题上保持清醒,在严峻的考验中无所畏惧。

私心的"克星"是公心,我们要以公心克制抵御私心。这里的公心是指为公众利益着想的思想,它是社会发展和前进的驱动力。

纵观历史,老一辈革命家怀着一颗火热的公心干成了许多伟大的事业。如今,也有不少党员干部具有一颗公心,一身正气,并将公心带给了家庭。

☆─────☆─────☆─────☆

小马的父亲是一位有公心的党员干部,也是一位树立优良家风,以身作则教育家人的父亲。

大学毕业后,小马请求父亲利用职权为自己"安排"一份好工作,父亲当场训斥:"工作应该自己凭本事去找,如果你自己没本事,给你安排再好的工作,你也胜任不了。"

一开始,小马很不理解父亲的做法,认为父亲不为自己着想。后来,父亲找小马谈心,语重心长地说:"公家的钱不能装进自己的口袋里,手中的权也不能用来谋私。一旦开了这个口子,后面就刹不住车了。"听了这番话,小马理解了父亲的做法。

小马认为,父亲一心为公,从不以权谋私的作风潜移默化地影响了他,让他在工作和生活中少了私心,多了公心。

☆------☆------☆------☆------☆

小马的父亲有一颗公心,所以他不以权谋私,不用自己手中的权力为子女"行方便"。实践一再证明,如果党员干部能做到凡事出于公心,处处讲原则,就不会行差踏错,走上贪腐之路。

"政在去私,私不去则公道亡。"对于党员干部来说,克制私心,摒弃贪欲是高尚的品格,是优良的家风,也是必须达到的要求。只有克制私心,才能更好地为国家、社会和人民服务。

克制私心贪欲的关键点有两个,一是坚定信念,在思想上不放松;二是遵纪守法,在行动上严格自律。

"泾溪石险人兢慎,终岁不闻倾覆人。却是平流无石处,时时闻说有沉沦。"这是唐代诗人杜荀鹤写下的《泾溪》。这首诗阐明了一个现象:那些看似安全的"平流无石处"会让人们放松警惕,进而导致事故频发。那些危险的地方则会让人们提高警惕,反倒不容易发生事故。

由此,我们可以联想到思想与行为的关系,思想一旦放松,行为就容易失格。一旦我们放任了私心贪欲的膨胀,贪腐行为就会随之发生。党员干部只有坚定信念,在思想上毫不放松,才能有效克制私心贪欲。

为了铸牢自己的思想堡垒,党员干部要在家风建设上下功夫。

第一,我们要在家庭中不断强调廉洁奉公的思想,以及纵容私心贪欲的后果,给家人打好思想上的"预防针"。

第二,我们要与家人一同学习相关法律法规,了解触犯法律的严重后果。让"反贪腐"的警钟在家庭中长鸣。

第三，我们要做好家庭道德教育，培养子女的公德心、同理心，及时"消灭"以权谋私的苗头。

第四，我们要以身作则，用自己的廉洁和无私影响家人，在潜移默化中树立清廉无私的家风。

克制私心贪欲的思想不仅要"内化于心"，还要"外化于行"。我们要在行为方面严格自律，遵纪守法，不出现任何损公肥私、以权谋私的行为。

有时候，公与私之间仅有一线之隔，如果我们不严格约束自己的行为，就很容易"越界"，进而做出以权谋私的事情。当然，我们不仅要严格约束自己的行为，还要监督家人，将私心贪欲引起的不当行为扼杀在摇篮中。我们应该谨记："莫伸手，伸手必被捉！"贪腐行为逃不过法律的惩处，任何人都不应该抱着侥幸心理，在私心贪欲的驱使下触碰法律的底线。

公心是廉洁的源泉，私心贪欲是滋生腐败的温床，只有减少私心，克制贪欲才能切断贪腐的根源。

3. 淡看名誉，人到无求品自高

"事了拂衣去，深藏身与名。"唐代大诗人李白在《侠客行》中描绘了一位看淡名誉，不求闻达的侠客形象。在李白心中，这位拯危济难的无名侠客，丝毫不逊色于那些流芳百世的英雄。

第四章 无欲则刚，淡看名利传淡泊家风

名誉，既是对我们个人能力、成就的认可，也是他人对我们的评价。有的人十分重视名誉，并且追求美名、盛名，而有的人则将名誉看得很淡。比起追求名誉，他们更愿意埋头实干。张富清老人就是这样一位看淡名誉的无名英雄。

☆ ☆ ☆ ☆ ☆

2018年年底，国家开展退役军人信息采集，张富清老人拿出自己的军功章和报功书，人们才得以认识这位深藏功名60年的战斗英雄。老人的赫赫战功和峥嵘往事，连儿女和共事十几年的老同事都不曾知晓。

张富清老人于1948年参加中国人民解放军，并加入中国共产党。参军以后，他先后荣立"一等功"三次、"二等功"一次，两次荣获"战斗英雄"称号，并被西北野战军记"特等功"。1950年，他因功勋卓著，获得了西北军政委员会颁发的"人民功臣"奖章。

1955年，张富清将军功章和奖章收藏在箱底，带着扎根于人民的决心，来到偏远的湖北省来凤县。作为战斗英雄和中央军委培养高级干部学校的学员，张富清的转业选择有很多，他可以留在陕西老家侍奉年迈的母亲，也可以到大城市工作。但是，张富清却说："党的干部，哪里需要就去哪里。"

张富清老人在来凤县一待就是60多年，在这里，他从战功赫赫的"人民功臣"变成了默默奉献的"人民公仆"。30岁是张富清老人的人生分水岭，30岁之前，他投身军旅，为祖国冲锋陷阵，屡获战功；30岁以后，他卸下戎装，深藏功名，在平凡的岗位上踏实工作。

张富清老人是平凡的，他像无数普通党员干部一样，几十

年如一日地坚守工作岗位，默默耕耘；他又是伟大的，他立下赫赫战功，却甘于平淡，主动到偏远的山区工作。张富清老人的事迹令人敬佩，他的高尚品格值得所有党员干部学习。

☆-----☆-----☆-----☆-----☆

回顾张富清老人的人生经历，我们很容易找到他深藏功名的缘由，一是初衷，二是本分。

张富清老人参军的初衷是解放祖国，他庆幸自己能从战场上活下来，也从未忘记那些牺牲的战友。他认为，和牺牲的战友相比，自己是幸福的。因此，他从不向组织提要求，从不以"战斗英雄"和"人民功臣"自居。

转业参加工作后，张富清老人的初衷是为人民服务。因此，他一心扑在自己的工作岗位上，默默奋斗了几十年，从不提及曾经的战功和荣耀。

张富清老人的初衷从来不是功名利禄，因此，他可以看淡名誉，深藏功名。反观一部分党员干部，不愿意真抓实干，却好大喜功，热衷于"创造"政绩，往自己脸上贴金。很显然，这部分党员干部已经忘了自己的初衷，将追求名利当成了做官的目的。

作为党员干部，我们要牢记使命和初衷，不忘当初许下的豪言壮志："为人民牺牲一切。"我们一方面要坚定信心，面对困难时不轻易退缩，面对压力和诱惑时不轻易妥协；另一方面要加强学习，提升自己的学识和水平，不断追求更远大的目标。只有这样，我们才能像张富清老人一样看淡名誉，埋头奋斗。

在不忘初衷的同时，张富清老人还做到了恪守本分。他认为，为党和人民奉献牺牲，是一名共产党员的本分，不值得夸耀。因此，他将自己的军功章默默收藏，60年来对自己的战功只字不提。这样的情操和

第四章　无欲则刚，淡看名利传淡泊家风

品格值得我们敬佩，更值得我们深思。每一位党员干部都应该向张富清老人学习，放下追名逐利的心思，踏踏实实工作，做好自己的本分。

做好本分的关键是承担责任，恪尽职守。党员干部在岗位上多做实事和好事，是责任，是义务，也是本分。我们要多做有利于人民群众和国家的事，积极解决工作中遇到的问题，不做表面功夫，不追求华而不实的政绩，摒弃不思进取、敷衍了事的工作态度。

我们不仅要将"本分"当成工作作风，也要将它融入家风，将反腐拒变的家庭防线筑得更牢。在家风建设中，本分不仅意味着恪尽职守，也意味着摆正位置。只有当家庭中的每个人都摆正自己的位置，踏实做好自己的本分，我们才能真正地看淡名誉，踏实工作。

☆──────☆──────☆──────☆──────☆

　　张富清老人常常教育子女要本分，要摆正自己的位置。他常常对子女说："我是国家干部，要把位置摆正。"他希望子女也能将位置摆正，将名誉、财富看得淡一些，在岗位上踏踏实实地工作。

　　他动员大儿子响应号召，到林场当知青。于是，他的大儿子放弃了到国企工作的机会，到林场开荒种地，一干就是好几年。他的小儿子高考没考好，他鼓励小儿子调整心态，摆正位置，沉下心来学习，补考一次。后来，小儿子努力考上了师范学院。他的小女儿也通过公开招考，成了医院职工。

张富清的子女中，没有一位利用父亲的职权谋私。他们都做好了自己的本分。如果我们也能做好本分，对工作尽职尽责，对父母孝敬，对配偶尊重爱护，对子女尽心抚育，并摆正自己的位置，不以党员干部或党员干部家属自居，我们的家风中就会多一份踏实本分，少一份追名逐利。

《增广贤文》中有一句话："但行好事，莫问前程。"它的意思是做好当下的事，不问回报。党员干部可以用这句话勉励自己，在工作中做好自己的分内事，将做好事、实事作为自己的义务，将重视实绩，看淡名誉作为自己的本色。

4. 不重钱财，宁要清贫自乐不要浊富多忧

无数历史事实告诉我们，如果一个家庭的家风不正，即使有再多的财富，也会被败光。相反地，如果家风清正，即使是家道清贫，家庭也能幸福和谐。因此，古代先贤发出了"宁可清贫自乐，不作浊富多忧"的感叹。

甘于清贫，自古以来都是品德高尚、人品高洁的代名词。这是因为，做到甘于清贫，并不是一件容易的事，需要很强的自制力，还需要豁达的人生观，以及对财富的透彻认识。生活清贫不代表甘于清贫，有些清贫的人一旦有机会，就会用各种手段疯狂敛财。有些党员干部之所以走上贪腐的道路，就是因为他们"穷怕了"。

商品经济的飞速发展，物质更加丰富，社会生活更加五光十色。与此同时，隐藏在暗处的诱惑和陷阱也变得越来越多。身处这样的社会环境中，我们要经受极大的考验，只要思想上的防线稍微松懈，就有可能掉进物质财富织成的陷阱中。尤其是那些身居要职、手握权力的党员干

第四章 无欲则刚，淡看名利传淡泊家风

部，他们稍有不慎，就会被"糖衣炮弹"击中。

如何能不落入陷阱，抵挡住诱惑？除了法律的震慑以外，很大程度上要依靠我们的修身与内省。守得住清贫，管得住私心，才能经得起考验，这是深刻的历史教训，也是对我们的严肃告诫。

"守得住清贫"是一条看不见的底线，那些长期安于清贫的人，总是能够心无旁骛地专注于自己的事业，而那些不甘于清贫的人，往往会在物欲中迷失方向。很多党员干部的落马就是从丧失"守得住清贫"这条底线开始的。只要伸手一次，贪腐行为必然会从"小打小闹"逐渐升级为"肆无忌惮"。

我们要从贪官的落马中吸取教训，并引以为戒。对于一个有才华、有抱负的人来说，因"守不住清贫"而前途尽毁，实在是一件得不偿失的事。更何况，在商品经济发达的当今社会，只要勤劳肯干，就能解决基本的温饱问题。而且，党员干部每个月都有固定的工资，如果没有特殊情况，根本不需要为生计发愁。

在这个时代，只要我们能做到不重财富，不贪不义之财，就能做到"守得住清贫"。有幸生在这个时代，我们应当珍惜时代赋予的机遇，施展自己的才华和抱负，努力追求更高的人生境界。

甘于清贫，不取不义之财，要从家风抓起。因为，一个人对于财富的态度，大都来源于家庭。如果父母贪财好利，喜欢奢靡享乐，孩子又怎么会甘于清贫呢？身为党员干部的丈夫、妻子见利忘义，爱慕虚荣，配偶又怎么会清正廉洁呢？我们必须用自己的一言一行影响家人，在家庭中营造不贪财、甘于清贫的家风，树立正确的财富观。

☆ .... ☆ .... ☆ .... ☆ .... ☆

唐代名臣杜暹在弥留之际嘱咐儿子，自己死后，不可收取别人赠送的礼物。他因病去世后，唐玄宗诏赠他为尚书右丞

相，并派人给他的家人送去了很多礼物，朝中同僚去吊唁他时也带去了礼物。但他的儿子谨遵父亲嘱咐，一件礼物也没有收。

杜逻生前也十分廉洁，以不爱财闻名。纸在唐朝是比较贵重的物品，当时的人们常将纸作为礼品送人。杜逻离任某地参军时，同僚们送他一万张纸作为送别礼品，这在当时属于惯例，并不是贪污受贿。但杜逻并没有收下这一万张纸，只是从中取了一百张，以示领受了同僚们的心意。同僚们对他的举动十分钦佩，认为他是一个廉洁的清官。

杜逻不仅不收同僚、下属的礼物，还曾拒收西突厥可汗赠送的黄金。开元四年，安西副都护与西突厥可汗发生了矛盾，双方互相指责。为了弄清原委，朝廷派杜逻前去调查。他到达西突厥后，西突厥可汗设宴招待他，并拿出黄金相赠。

多次拒绝无果，杜逻只好收下黄金。宴席散去后，他命随从将黄金埋在自己所住的帐篷下面，并在离开西突厥时，通知西突厥可汗，请他将埋在帐篷下的黄金挖出来。杜逻的做法令西突厥可汗十分感动。

杜逻一生清廉，不爱钱财，面对他人赠送的贵重礼物也能不为所动。他用自己的言行影响了儿子，使儿子谨记嘱咐，不收取他人的礼物，延续甘于清贫、不收贵重礼物的家风。

《战国策》中提到"家有不义之财，则伤本"，来路不正的不义之财，会伤及家庭的根基。通过不法手段获得的不义之财，或许能供家庭成员挥霍一时，但终究会造成家庭的破碎。正当合法的收入或许十分微薄，但却能保证家人的温饱，并让自己和家人活得堂堂正正。

人生中有许多事比财富更重要,比如,前途、抱负、亲情、责任、公平、正义等。如果我们将"利"字摆在第一位,会令我们损失许多宝贵的东西。须知"世上没有免费的午餐",当我们不甘清贫淡泊,选择追名逐利时,必然要付出代价。

因此,甘于清贫不仅是一种美德,更是一种明智的选择。对于一个家庭而言,甘于清贫就是守住了美德,守住了本分,守住了和谐美满。对于党员干部而言,甘于清贫就是守住了底线,守住了廉洁。

甘于清贫意味着我们要戒骄、戒奢,培养良好的生活作风和健康的生活情趣,还意味着我们要树立正确的财富观,学会正确理财。因此,我们要在家庭生活中提倡美德与修养,抵制腐朽堕落的生活方式,提高个人文化素养,摆脱低级趣味,形成优良的家风和个人作风。

天下至味,一碗安乐茶饭;天下至德,一生暖老温贫。对于一位优秀的党员干部而言,不求富贵,只求"安乐茶饭",不图虚名,只愿"暖老温贫",才是最高的人生境界。

5. 懂得知足,非分之想只会给家庭带来灾祸

老子所著的《道德经》中,有一句十分发人深省的话:"故知足不辱,知止不殆,方可长久。"它一语道破了"知足常乐"的人生哲理。

这句话的意思是懂得知足,就不会受到屈辱;懂得适可而止,就可以长久地获得平安。知足知止就是要知足常乐,适可而止,万事留有余地。知足知止也是一种人生智慧,一种境界,一种品格。能做到知足知

清风传家，严以治家

止的人，在人生道路上会走得更远。对于党员干部来说，知足知止就是防止贪腐的一道"紧箍咒"。

纵观历史，那些知足知止者大都得到了"善终"。

✩⋯⋯⋯✩⋯⋯⋯✩⋯⋯⋯✩⋯⋯⋯✩⋯⋯⋯✩

唐朝官员李日知为官廉洁，曾经官居宰相，在唐玄宗即位那年，他转任刑部尚书。但是，李日知上任后屡次向唐玄宗上书，请求辞去官职，告老还乡。最终，唐玄宗同意了他的请求。

李日知并未将自己辞官的事告诉妻子，当他吩咐家中的仆人收拾行囊，准备还乡时，妻子十分吃惊。她认为家中没有什么家产，儿子也还没有官职，李日知应该为儿子的前途筹谋一番，此时辞官非常不合适。

但是，李日知却对妻子说："书生至此已过分。人情无厌，若恣其心，是无止足也。"他认为自己是一介书生，达到如今的成就已经很过分了，如果继续放纵自己的欲望，就没有止步之时了。

李日知回到家乡后，并没有终日沉湎于田园山水之中，他仍然关心青年，为朝廷选拔了许多人才。李日知虽然没有给家人留下万贯家财和锦绣前程，但却留下了知足知止的家风，留下了自己清正廉洁的美誉。

✩⋯⋯⋯✩⋯⋯⋯✩⋯⋯⋯✩⋯⋯⋯✩⋯⋯⋯✩

除了和李日知一样做到知足知止的党员干部，还有一些党员干部没有做到知足知止。一开始他们或许还没有丢掉初心，也许下了"清清白白做官，堂堂正正做人"的誓言。但是，他们在面对权、钱、色的诱惑时,踏上了歧途。他们将手中的权力变成谋取私利的工具,而且不知足,不知止,最终落得个身败名裂的下场。

☆┄┄┄┄☆┄┄┄┄☆┄┄┄┄☆┄┄┄┄☆

某社区居委会主任林某在基层工作十几年,其间多次利用职务之便为亲戚朋友"开后门",挪用公款,行贿受贿。林某的受贿金额多达3000多万元,最高单笔受贿金额为800万元。林某作为一个基层干部,贪污受贿的金额却如此巨大,说明他不仅贪,而且胆子大,胃口大。

林某的胃口是被不知足的心理一步步养大的。一开始,林某只是利用职务之便帮亲戚朋友"办事",在他看来这只是"举手之劳"。而且,这样的"举手之劳"为他换来了金钱和阿谀奉承。渐渐地,林某不再满足于"小钱",他开始利用职权索取和收受更大金额的贿赂。他在社区拆迁改造项目中受贿800多万元。

林某落网后,他的亲戚和配偶都因为行贿、受贿而受到法律的制裁。一个本应兴旺和谐的家庭,从此破碎了。

林某抑制不住自己的贪欲,从"小贪"变成"大贪",是因为他既不知足,也不能控制自己的行为。党员干部只有知足知止,才能保持头脑清醒,避免一步步走入贪腐的泥沼。

知足知止,贵在自律。党员干部在面对诱惑时,要有定力;面对"施压"时,要有气节;面对环境的"腐蚀"时,要保持清醒。只有做到自律,在自己的岗位上立足本心,不计较利益得失,才能始终保持清廉本色。党员干部不仅要自己做到自律,还要将廉洁自律的作风延伸到家庭中，教育配偶和子女，叮嘱他们知足、自律。

知足知止，贵在慎独。君子慎独，不欺暗室，即使在别人看不见的情况下，我们也要恪守法律，不违背良心、不欺骗自己。对党员干部来说，慎独就是在任何时刻都要耐得住寂寞和清贫，抵挡得住诱惑。从家风建设的角度来看，慎独就是要形成不贪不占、谨言慎行、诚实守信的作风。无论诱惑有多大，只要是我们能知足，并做到慎独、自律，就能保持清廉。

知足知止，贵在乐观。党员干部要用平常心看待名利，保持乐观向上的心态，以豁达的态度面对得失。我们不仅要用乐观的心态面对工作，还要用乐观的心态面对生活。我们要珍惜现有的美好生活，用豁达、知足、从容的人生态度影响配偶和子女，形成和谐知足的好家风。

知足知止，贵在坚持。人的心性和品格需要经过沉淀和磨砺才能变得根深蒂固。想要形成知足知止的品格，我们要在工作的细节处，在生活的烟火中坚持知足常乐、自律、慎独的习惯。总而言之，懂得知足是一种人生智慧，无论是为官，还是做人，都要学会知足。我们要将知足知止贯彻到平时的生活和工作中，让知足知止成为我们的优秀品格和良好家风。

不过，我们在做到知足知止的同时，还要有一些"不知足"的精神。对于财富、名声和享乐我们应该知足，对于学习知识、工作技能和修身养性，我们要"不知足"。比如，我们对工作中遇到的问题要深入钻研，求真务实，不能敷衍了事，我们要始终保持求知心理，不断学习和掌握新知识，我们还要不断提升自己的品德修养和人生境界。对于物质财富的知足让我们学会克制欲望，适可而止，不让自己被贪欲侵蚀；对于知识、技能和修养"不知足"则让我们保持进取心，不断地完善自己。

任何事都是知易行难,知足不是高深的哲理,我们很容易理解和体悟它。但是,能够做到和坚持的人却不多。正因为如此,具备知足常乐、知足知止品格才更显难得。希望每一位党员干部都能见贤思齐,让"知足知止"四个字扎根于家风,落实到行动,走好清正廉洁的人生道路。

6. 多为儿孙计深远,少为家庭谋钱财

"殚竭心力终为子,可怜天下父母心。"父母疼爱孩子,殚精竭虑地为孩子谋前程,是人之常情。但是,身为父母,我们必须认真地思考一个问题:我们爱孩子的方式正确吗?

近年来,"家庭腐败""父子腐败"案件屡屡发生,这说明了一个问题:有些党员干部并不会正确地爱孩子。他们不仅纵容家人和子女利用自己的权力敛财,而且通过权力寻租为家庭谋财富,为子女谋前程。殊不知,这样做只会害了孩子。

☆┈┈┈┈☆┈┈┈┈☆┈┈┈┈☆┈┈┈┈☆

某省发改委原副主任刘某因受贿罪被判处无期徒刑,剥夺政治权利终身。刘某的儿子也因涉嫌受贿共犯被司法机关采取强制措施,父子二人双双落入法网。刘某在法庭上说:"养不教,父之过,孩子走上歧途,责任全部在我,我应该为他的罪行负全部责任。我每天都在后悔和自责,是我把孩子害了。"

刘某通过儿子收受的贿赂达3000多万元,刘某的儿子之所以敢于如此疯狂地敛财,是因为他在父亲的言传身教中学会

了金钱至上、贪婪和走捷径。刘某的儿子说:"我爸从小就告诉我,要有出息,要会赚钱,要做人上人,只有这样才能受人尊重。而且,人要懂得走捷径。"刘某的"教诲"让儿子的金钱观、价值观和人生观被严重扭曲,也为儿子走上犯罪道路埋下了伏笔。

刘某对儿子十分溺爱,他总希望有人能帮助儿子,为儿子铺好路。于是,围绕在刘某身边的企业老板们投其所好,以为刘某的儿子开公司,与刘某的儿子做生意为由,向刘某父子二人"进贡"。

刘某落马后悔不当初,他意识到自己害了儿子,将儿子带上了歧路。只是,他的后悔来得太晚了。

刘某认为金钱是最重要的,于是他向儿子灌输"金钱至上"的观念。在他看来,用钱、权为儿子"铺路",儿子的人生会是一条坦途。于是,他通过权力寻租为儿子开公司,谋钱财,更带领儿子一同贪污受贿。刘某对儿子的爱是错误的,这种错误的爱最终酿成了悲剧。

"父母之爱子,则为之计深远。"父母爱孩子,就要为孩子做长远的打算,给孩子留下清正廉洁的家风,帮助孩子树立正确的人生观、价值观和世界观,教孩子自立自强。刘某用错误的方式爱孩子,将儿子拉进贪腐的泥沼,和儿子一起贪污受贿,最终落得个害儿害己的下场。

在许多"家庭贪腐""父子贪腐"的案件中,都存在夫妻、父母子女、亲戚等携手贪腐的现象。涉案党员干部看到家人和子女扯着自己的大旗敛财时,不仅不加以制止和管教,反而在暗中帮忙,任由家人在贪腐的犯罪道路上越走越远,最终害了自己,害了孩子,也毁了家庭。

这样的家庭悲剧,再次给我们敲响了警钟,让我们不得不正视家风和家庭教育问题。作为党员干部，我们能为家庭做的不仅仅是"谋钱财"，还要教育好孩子，树立优良家风，让子孙后代在优良家风的影响下形成正确的人生观、价值观和世界观。

俗话说："生而不养，鸟兽不如；养而不教，愧为父母。"我们把孩子带到世界上，就有教育和培养他们的义务。我们要让孩子学习文化知识，掌握生存的技能，更要教孩子明辨是非，让孩子学会独立自强。我们可以从以下四个方面入手，教孩子明辨是非。

首先，我们要向孩子灌输正确的价值观。孩子就是一张白纸，如果我们像上面案例中的刘某一样，向他们灌输扭曲的金钱观和价值观，那么孩子长大后就会走上歪路。一旦孩子学会了走捷径、钻空子，后期就很难再纠正了。最重要的是，我们要让孩子学会正确看待财富，让他们知道如何正确花钱，如何用正当的方法赚钱，让他们明白只有依靠奋斗赚到的钱才能花得心安理得。

其次，我们要督促孩子学习，提升他们的认知水平。一个人明辨是非善恶的水平会随着认知水平的提升而提升。如果我们想让孩子明白更深刻的道理，学会辨别更深层次的是非对错，就要想办法提升他们的认知水平，让他们学会思辨。我们可以督促孩子多看书、多学习，还可以经常和孩子讨论真实的社会事件，帮助他们分析其中的善恶是非。

再次，我们要及时纠正孩子的不当行为。当孩子和家人在贪腐边缘徘徊，或试图以权谋私，仗势欺人时，我们必须及时制止，并对其进行批评和教育。少数党员干部的子女之所以养成骄横跋扈、贪婪自私的恶习，就是因为父母、长辈没有及时教育并纠正他们的行为。如果我们一味姑息和纵容孩子的"越界"行为，不及时制止和纠正，当孩子触犯法律时，就悔之晚矣。

最后，我们要以身作则，用自己的言行和态度告诉孩子，什么是对错。父母是孩子的第一任老师,孩子对金钱和权力的态度往往来源于父母。因此,我们一定要成为孩子的好榜样,让孩子在我们的影响下学会明辨是非,并建立正确的道德观。

我们教孩子明辨是非,是为了让孩子成为一个有道德底线和道德理想的人,也是为了避免让孩子走上歧路。建设清正廉洁、淡泊名利的家风,教孩子堂堂正正做人,清清白白做事,远比给他们一笔财富更重要。

作为孩子的父母和家庭的顶梁柱,党员干部一定要深刻地意识到:用手中的权力为孩子谋钱财,谋前途,并不是爱孩子,而是在害孩子。将清廉的家风传给孩子,让孩子学会明辨是非,独立自强,让孩子掌握知识技能,有能力走好自己的人生道路,才是对孩子最好的爱。

7. 守一份淡泊宁静,得一份家庭安宁

"非淡泊无以明志,非宁静无以致远"是诸葛亮《诫子书》中的千古名句。这句话表达了人们对"淡泊宁静"的向往和追求。"淡泊"是指看淡名利,"宁静"是指心境平和。只有看淡名利,我们才能明确自己的志向;只有保持心境平和,我们才能树立远大的目标。淡泊宁静是一种很高的人生追求,也是党员干部保持清正廉洁的必备品格。

可是,在这个纷繁复杂的世界里,要做到淡泊宁静,并不是一件容易的事。我们每个人都有七情六欲,有得失心,修养不够就很难看淡名利,心境平和。尤其是那些私心贪欲重的人,在面对名利诱惑时,很容

第四章 无欲则刚，淡看名利传淡泊家风

易变得浮躁。不过，正因为如此，淡泊宁静的品格才愈加可贵，党员干部才更应该以"淡泊宁静"为目标，拒绝浮躁，用平和、宁静的心态面对诱惑、名利和得失。

说到淡泊宁静，就不得不提到东晋诗人陶渊明。他的名句"采菊东篱下，悠然见南山"为人们描绘了一个世俗之外的精神家园，也使他成了"淡泊宁静"的代表人物。

在抛开名利，选择隐居南山之前，陶渊明也曾经历过一番挣扎。公元405年，陶渊明在彭泽县担任县令一职，这是他人生中最后一次出仕。

陶渊明担任彭泽县县令第81天时，浔阳郡的督邮刘云前来巡查公务。刘云为人凶残狠厉，而且十分贪婪。他每年都会以巡视为由，向各县索贿。如果县令不交出贿赂，刘云就会栽赃陷害。因此，刘云每次巡视各县后都会满载而归。

刘云已到达彭泽县，就命人请彭泽县县令陶渊明去见他。陶渊明听说过刘云的坏名声，不愿意见他。但他又不得不见。于是，陶渊明只好动身去见刘云。可是，陶渊明刚到门口，就被县吏拦住了。县吏告诉陶渊明，见督邮刘云时必须穿官服，束大带。否则，就是失礼的表现，刘云还会趁机大做文章。

陶渊明长叹一声，说："岂能为五斗米折腰。"说完后，他取出官印，写了一封辞职信，便离开了彭泽县。后来，陶渊明开始了自己的隐居生活，其间许多人劝他继续出仕做官，但他都一一拒绝了。此时的他，已经看清了自己的志向。

清风传家，严以治家

陶渊明的名字总是与隐逸、高洁、淡泊宁静联系在一起，他也成了历代文人和官员们的偶像。面对官场的黑暗和倾轧，陶渊明选择挂冠离去，远离名利和纷扰，他的心灵也因此获得了一份安宁。

由于时代与社会环境的不同，我们无须像陶渊明一样避世隐居，但我们可以和他一样，用淡泊宁静的态度面对名利，面对人生。

选择淡泊宁静，就是选择了家庭安宁。一方面，淡泊宁静的品格可以让我们看淡名利，远离贪腐。"一人不廉，全家不圆"，贪腐必定会造成家庭的破碎，如果党员干部远离贪腐，那么家庭就能和谐团圆。另一方面，如果党员干部将淡泊宁静融入家风，那么家人也会远离名利的诱惑和纷扰，收获平和的心境以及和谐温馨的生活。

此外，选择淡泊宁静，意味着我们可以用更纯粹的态度面对工作，用更加非功利的心态为社会、为人民服务。选择淡泊宁静，就是选择两袖清风，一身廉洁。

因此，我们应该将淡泊宁静作为我们的人生座右铭和家风、家训。既然选择了淡泊宁静，我们就要在工作和生活中把名和利看得轻一些，把职责和本分看得重一些。除此以外，我们还要修炼"四颗心"，即平常心、知足心、敬畏心和感恩心。

平常心是一种"宠辱不惊，去留无意"的豁达心态。它可以让我们以辩证的思维看待得失，用豁达的态度面对逆境，用淡然的态度面对名利。当然，保持平常心并不代表不争取、无所谓，它要求我们在顺境中争取机遇、把握机遇，在逆境中学会坚持、懂得放弃。人生中难免会遇到挫折，在挫折和困难面前保持平常心，可以让我们的心态更平和，头脑更冷静，这对我们的工作也是大有裨益的。

知足心是一种知足知止的心态，它要求我们管住自己的手，不该拿的不要拿；管住自己的心，不该贪的不要贪；管住自己的脑，不该想的不要想。知足心是看淡名利的前提，只有不贪名，不贪利，才能真正地放下名利，不贪不义之财。而不知足的心态则会助长私心和贪欲，让我们在名利的诱惑面前迷失自己，甚至伸出不该伸的手。

敬畏心是一种不心存侥幸，不自欺欺人的心态。面对名利的诱惑时，我们不能心存侥幸，更不应该自欺欺人。要知道，天网恢恢，疏而不漏，只要伸出了贪腐之手，必定会受到法律的惩处。我们要敬畏党纪、敬畏国法、敬畏道德，并始终恪守道德和法律的底线。如果没有敬畏心，我们就会轻视甚至无视法律，任由私欲膨胀，使自己因贪腐而身陷囹圄。

感恩心是心怀感恩，不忘初心的心态，它要求我们牢记全心全意为人民服务的宗旨，感恩党和群众的信任，戒骄戒躁，自觉奉献。在成长的过程中，我们一定受到过同事朋友的帮助，获得过广大人民的支持，接受过党和国家的培养。我们不仅要对此怀有感恩之心，还要用敬业爱岗、廉洁奉公的态度报恩，用自己的工作实绩回馈恩情。常怀感恩心，可以让我们的眼光更长远，心胸更开阔，工作态度更踏实。

只有常怀"四颗心"，党员干部才能做到淡泊宁静，同时又敢于担当责任，敢于有新作为。我们也可以将这"四颗心"融入家风建设中，在生活中修炼，让淡泊宁静成为家庭的优良基因。

第五章

公道正派,刚正不阿传正直家风

为人正直诚信,做事公道正派,是党员干部应该具备的素质。党员干部的"正"体现在对权力和职责的态度上,更体现在家风中。只有做到权为公用,利为民谋,守职履责,不损公肥私,恪守原则和底线,涵养家门正气,才能成为令腐败不敢近身的合格党员干部。

第五章 公道正派，刚正不阿传正直家风

1. 为人正直，不欺不瞒诚实守信

言必诚信，行必忠正。对我们每个人来说，正直诚实都是十分重要的素质和能力，它关系到我们对自身的评价，以及我们做事的原则和底线。

首先，正直诚实的人通常勇于承认错误，也愿意为自己的行为负责。因此，他们不会找借口为自己开脱，更不会将责任推卸给他人。因为，正直诚实的人有较高的道德水平，他们对自身的评价标准并不是"事事都做得正确、完美"，而是"无愧于心"。

其次，正直诚实的人通常有牢固的价值观和行为准则，也就是我们常说的"有原则"。他们勇于表达自己的真实想法，认真履行自己做出的承诺和与他人达成的协议，不损害他人和集体的利益，不随意欺骗、隐瞒他人。

总而言之，正直诚实的人具备信守承诺、勇于承认错误、主动承担责任、不欺不瞒、为人处世光明磊落、表里如一等典型特征。每一位党员干部都可以用这些特征，与自己进行对照，看看自己是否称得上一个正直诚实的人。

"无诚则无德，无信事难成"，如果一名党员干部无德无信，表里不一，欺下媚上，那么他在工作中也很难做到刚正不阿，廉洁奉公。通常，这类不正直、不诚信的党员干部对人欺瞒哄骗，毫无真诚之意；对事敷衍塞责，毫无求真务实之心。

通过观察，我们可以将不正直、不诚信的党员干部分为三种类型，分别是说谎型、造假型和违法型。

"说谎型"党员干部最喜欢夸大、缩小事实，或隐瞒、编造事实真相，而且喜欢"睁着眼睛说瞎话"。比如，有的党员干部在向上级汇报工作时会把成绩无限夸大，把不足缩小；把没做的事说成正在做的，把正在做的事说成已经做完的。还有的党员干部说一套做一套，嘴上信誓旦旦，但行动上根本不落实、不兑现。这类党员干部的数量是最多的，他们虽然没有做出违法行为，但却败坏了风气，损害了党员干部的形象。

"造假型"党员干部喜欢弄虚作假、欺上瞒下，"政绩工程""数字游戏"是他们的拿手好戏。他们在工作中弄虚作假，搞形式主义，在选人、用人、利益分配等重大问题上欺上瞒下、搞暗箱操作。比如，个别党员干部为了达到升迁的目的，进行学历造假、荣誉造假、履历造假等十分恶劣的违纪行为。这些做法严重损害了党员干部的形象和威信。

"违法型"党员干部在政治上投机钻营，见风使舵，甚至不惜背叛党和国家；在经济上贪污腐败，不择手段地侵吞国家和集体资产。比如，个别党员干部做假账贪污公款，私设小金库，行贿受贿，借工程项目搞权钱交易等。这类"违法型"党员干部的数量虽然不多，但危害很大，他们的不诚实、不正直的行为造成的危害也是最大的。

党员干部不能做到正直诚实的原因很复杂，从客观上来说，环境的负面影响、监督惩罚力度不够等都会造成少数党员干部诚信缺失和道德滑坡。但是，最主要的原因是党员干部自身的道德修养不足、意志不坚定、家风不正派。

一个不正直诚信的党员干部，不可能在工作中做出优秀的实绩，也不可能做到廉洁清正。为了培养正直诚实的品格，党员干部应该从以下五个方面入手，提升自己的道德修养和诚信意识。

第一，讲党性，树立诚信意识。我们党的宗旨是"坚持全心全意为人民服务"，任何弄虚作假、欺上瞒下、损公肥私的行为都是与党的宗旨相悖的。因此，党员干部必须讲党性，在工作中坚持党的宗旨，不以权谋私，将人民利益放在第一位，全心全意地为人民服务。

此外，党员干部要树立诚信意识，带头在家庭和社会中形成正直、诚信光荣，不正直、失信可耻的氛围。党员干部要始终保持高尚的品格，宽广的胸襟，不弄虚作假，不做表面文章，不搞形式主义，让自己人前人后一个样。

第二，实事求是，多做实事。党员干部在工作中不仅要做到实事求是，不欺骗、不隐瞒，还要发扬务实的工作作风，做到说实话、办实事、求实效。个别党员干部工作作风不实，习惯说空话、大话，甚至开空头支票，做虚假的承诺。殊不知，这种不实的工作作风只会害了自己。党员干部说话、办事都要做到丁是丁，卯是卯，不能信口开河，做不负责任的许诺。只有这样，才能赢得群众的信赖。

☆-----☆-----☆-----☆-----☆

老张是一位喜欢做实事的基层农村干部，他在农村工作了20年，始终心系村民，服务村民，他实事求是，乐于做实事的工作作风受到了村民的一致好评。老张参加工作之初，他所在的农村发展水平较为落后，电网还没有架设完整。

于是，老张决心为村民做一些实事。他积极响应农村电网改造项目，邀请电力技术人员进村，发动村民参与电网改造。在他的带领下，全村共架设线路4千米，实现了全村通电。电网通电后，老张经常带队巡查线路，帮助村民检修线路。20

年的农村基层工作，让老张成为一名既会干农活，又会电路检修，又懂管理的"全才"。

☆ ———— ☆ ———— ☆ ———— ☆ ———— ☆

和老张一样的基层干部数不胜数，他们有正直、诚实的品格，他们在工作岗位上不计名利，通过一件件小事、实事服务人民，建设国家。

第三，严于律己，坚持原则。党员干部要时时处处严格要求自己，坚持说实话、办实事，严格按规矩和原则办事，坚决不做违背良心，违背正义的事，努力使自己的思想和言行经得起实践的检验。

第四，信守承诺，忠于职守。党员干部要自觉遵守许下的承诺，自觉履行自己的职责，勇于承担责任，迎接挑战。在工作中不敢担责，做左右逢源的"老好人"，并不是正直诚实的表现。敢于说真话，做实事，敢于担当责任，是一个人拥有正直、坦荡胸怀的体现。

第五，正直、诚信要从点滴做起，从家风抓起。党员干部要时时、事事、处处严格要求自己，在工作和生活中逐步培养正直、守信的好品格。党员干部要以身作则，营造正直、诚信的好家风，让家人也从一点一滴中养成正直、诚信的品格。我们要让正直和诚实成为一种内在需求。

总而言之，正直诚实是一种深植于家风的非常可贵的品质，时代要求每一位党员干部具备正直诚实的品格，做到为人正直，不欺不瞒守诚信。

第五章　公道正派，刚正不阿传正直家风

2. 办事公道，不拿权力做交易

《包公案》是明代著名的公案小说，它以北宋名臣包拯为原型，塑造了一个不附权贵、铁面无私的"包青天"形象。经过不断的流传和演化，"包青天"的形象已然成为一个符号，这个符号代表了公道处事，秉公执法，一心为民的清官形象，也代表了人们对公平、正义的追求。

自古以来，"包青天"的形象就受到人们的喜爱，相关戏曲、影视作品、文学作品层出不穷。人们对"包青天"的喜爱说明了一个现象：人人都希望自己能得到公平的对待，希望自己的尊严和利益能得到维护。由此可见，人民群众最满意、最喜欢的一定是那些办事公道的党员干部。

这里的办事公道是指站在公平、公正的立场上，严格按照规章制度、法律法规办事，并做到公平合理，不偏不倚。用通俗的话说，办事公道就是讲原则，不徇私，对所有群众一视同仁，不敷衍塞责，不厚此薄彼。

毫无疑问，那些办事不公的党员干部，肯定是不受群众欢迎，也不能让群众满意的。因为，他们不仅财务不清，服务不行，也不能一视同仁地对待所有群众，他们用权力做交易，践踏了公平正义，损害了人民群众的利益。

清风传家，严以治家

☆┄┄┄☆┄┄┄☆┄┄┄☆┄┄┄☆

某村干部杨某就是一位典型的办事不公的党员干部。他在宣传惠农政策时含糊不清，不让村民详细了解政策，导致一些达到补助标准的村民没有获得应有的补助。杨某还在发放惠农资金时，优先照顾自己的亲友，用国家的惠农政策"做人情"。

某供销合作社原总会计师郭某也是一位办事不公的党员干部。她利用职权将亲属"安排"到下属企业工作，让亲属在下属酒店享受非正常折扣，帮助亲属承揽相关工程，为儿子违规操办婚宴。

杨某和郭某虽然没有直接贪污和受贿，但他们以权谋私的行为深深地伤害了人民群众的感情，损害了党员干部的形象。他们都受到了严肃的纪律处分。

☆┄┄┄☆┄┄┄☆┄┄┄☆┄┄┄☆

上述案例中的两位办事不公的党员干部有一个共同的特点："优待"子女和亲属，为子女和亲属提供特权。可见，党员干部办事不公、以权谋私的现象往往是从家庭中萌发的。我们应该引以为戒，树立正派的家风，教育亲属、子女和配偶，打消他们的特权思想。我们还要在工作中谨记"办事公道"，并将其作为一项重要的处世原则。

说白了，办事公道就是要维护公平、公正。随着商品经济的发展和法律制度的逐步完善，人们对公平、公正的要求越来越高。这要求党员干部必须做到办事公道，否则就会威信扫地，甚至受到党纪国法的处罚。

如果党员干部办事不公，则势必会催生出徇私舞弊、以权谋私等现象。办事不公的党员干部也会逐步滑入贪腐的深渊。那么，我们应该如何做到办事公道呢？下面五点可以给我们带来一些启发。

第一，明辨是非，追求正义。党员干部要做到办事公道，首先要明辨是非，并在心中建立一套合乎公平、正义的衡量标准。不能明辨是非也不追求正义的人，很难做到办事公道。因为，在那些没有正确是非观的人眼中，事物是不分善恶是非的，他们只凭喜好和利益办事，不在乎公平和正义。对我们每个人来说，是非观的形成离不开家庭教育和家风，只有在正派的家风浸润下，我们才能形成正确的是非观，并学会明辨是非。

第二，坚持原则，不讲人情。做任何事都贵在知行合一，仅仅做到明辨是非是不够的，我们还要在办事时坚持原则，不讲人情。坚持原则是指严格按照规章制度办事，不为任何人、任何理由打破原则。在原则面前，面子、人情等都要放在一边。

第三，不谋私利，清正廉洁。私利会让少数党员干部丧失原则和立场，拜倒在金钱和权力面前。这样的党员干部当然不可能做到办事公道。我们一定要记住"吃人嘴软，拿人手短"，拿了不义之财，就要替人"办事"，就无法做到办事公道了。只有放下私利，才能做到光明磊落，按原则和规矩办事。党员干部能否做到不谋私利，清正廉洁，与家风有关。清正的家风可以遏制私心的膨胀，带来廉洁。

第四，不计得失，不畏权势。有时候，党员干部在坚持原则、主持正义的过程中会遇到压力和阻力。有的人会选择向权势屈服，并与之同流合污；还有的人会选择不计得失，不畏权势，坚持原则与正义。想要做到不计得失，不畏权势，并不是一件容易的事。只有那些意志坚定、有勇气、有信念的党员干部才能做到这一点。他们是我们学习的榜样，我们应该和他们一样，将"办事公道"贯彻到底，将"坚持全心全意为人民服务"贯彻到底。

第五，营造讲究公道，不徇私的正派家风。有的党员干部本人十分讲原则，也很有正义感，但他们却经不住子女、配偶和亲属的苦苦哀求，用手中的权力谋取私利，做了不公道的事。这些党员干部跨过了"个人作风"这道坎，却倒在了"家风"前面。为了杜绝此类现象，我们要营造讲究公道，不徇私的正派家风，让家人明白公平、正义的重要性，杜绝家庭中"走后门""行方便"的歪风邪气。

总而言之，办事公道，不用权力做交易，是每一位党员干部应该遵守的办事原则。要做到办事公道，我们一方面要加强自身的道德修养，明辨是非，还要做到坚持原则，追求正义；另一方面，我们要树立正派的家风，拒绝用手中的权力为子女、配偶和亲属徇私，让家人明辨是非，自觉维护公平、正义。

3. 权为公用，利为民谋

"权为公用，利为民谋"，是党员干部的重要行事准则，它代表了党员干部的基本权力观和利益观。

"权为公用"要求党员干部正确运用手中的权力，要为国家和人民掌好权、用好权，将权力用于造福人民，建设国家，拒绝以权谋私。

同时，"权为公用"要求党员干部意识到自己手中的权力是人民赋予的，人民才是权力的真正所有者。党员干部手中的权力越大，要承担的责任也越大。

"权力公用"是党员干部应该具备的权力观，只有具备了这样的权

第五章　公道正派，刚正不阿传正直家风

力观，我们才能更好地行使权力，并在行使权力的过程中做到清正廉洁。

在"权为公用"这一正确权力观的指导下，我们要做到为民用权和秉公用权。

为民用权是指党员干部行使权力时，要以人民的利益为出发点，不让手中的权力成为少数人或某个人攫取私利的工具。党员干部践行为民用权时，要时刻将群众的冷暖和安危放在心上，要当人民群众的发言人。

为民用权还要敢于担当责任，敢于面对困难和挑战，敢于和歪风邪气做斗争，敢于在大是大非面前表明立场，要摒弃"做太平官"的思想。

☆⋯⋯⋯☆⋯⋯⋯☆⋯⋯⋯☆⋯⋯⋯☆

对每一位基层党员干部来说，拆迁都是一件"苦差事"。一方面要争取群众的理解配合，顺利推进拆迁工作；另一方面要做好相关资金发放工作，力争不让群众吃亏，不让财政浪费。很多基层党员干部一听到"拆迁"二字就头痛，宁愿多做其他工作，也不愿负责拆迁工作。

但是，刚刚参加工作的小李却不这样想。当他被分配到拆迁工作组，成为一名拆迁干部后，他就下决心克服困难，承担责任，做好这次拆迁工作。

小李和同事们进驻拆迁区域后，积极摸排情况，了解拆迁户的困难和心声，用推心置腹的沟通换取拆迁户的理解和支持。面对不理解拆迁政策的拆迁户，小李和同事们一次次上门，一遍遍不厌其烦地宣讲，为他们算账，给他们讲利害关系，了解他们的诉求，用耐心和关心做"通"了不少拆迁户

清风传家，严以治家

的工作。

小李和同事们不怕困难，知难更进，体现了敢于担当责任、敢于面对困难的精神。小李之所以有这样的勇气和精神，与他的家风是分不开的。

小李的父亲是一位老党员，在村里当了几十年基层干部。小李说："每次村里有事，父亲都会冲在前面。有一次，村里发生了火灾，父亲知道后立刻准备到现场帮忙，当时他已经68岁了，大家都劝他别去。他还是坚持到火场帮忙组织救火和疏散。"从父亲身上，小李学到了一名党员干部应有的责任和担当，也学到了为民用权的精神。

☆┈┈┈┈☆┈┈┈┈☆┈┈┈┈☆┈┈┈┈☆

秉公用权是指党员干部行使权力时，要遵守党纪国法，要接受群众监督，不用权力谋私利，不参与权钱交易，自觉抵御贪腐思想的侵蚀，保持廉洁自律的作风。

"权为公用"是党员干部的基本权力观，也是保持清正廉洁的思想基础。我们应该从不以权谋私做起，在生活和工作中逐渐培养敢于担当责任，敢于面对困难的作风，做到秉公用权，敢于用权。

权与利是不可分割的，权力可以换取利益。有的人用权力为自己谋利，满足自己的欲望。但是，党员干部手中的权力来自人民，就必须为人民谋利，践行"利为民谋"的基本利益观。

"利为民谋"是指"坚持人民的利益高于一切"以及"一切从人民的利益出发，一心为人民谋利益"。在"利为民谋"利益观的指导下，党员干部应该准确把握个人利益和社会利益、局部利益和整体利益、短期利益和长远利益的关系；正确理解奉献和索取的关系。除此以外，党员干部还要用自己的聪明才智和远见卓识为人民谋取更多利益。

第五章　公道正派，刚正不阿传正直家风

我们在践行"谋利为民"利益观的过程中，要发扬艰苦奋斗的精神，克服追求奢靡享乐的思想，做到"为官一任，造福一方"。

☆　　☆　　☆　　☆　　☆

"人民的好公仆""县委书记的好榜样"焦裕禄就是"谋利为民"利益观的忠实践行者，他用艰苦奋斗，无私奉献，成了"为官一任，造福一方"的好干部。焦裕禄在带领兰考人民除内涝、风沙、盐碱"三害"时，忍着病痛，支撑着病体，和当地干部群众一起摸索和总结出了适合兰考的整治方案，即"小面积翻淤压沙、翻淤压碱、封闭沙丘"，然后以点带面，大面积使用这种方法，并大量种植泡桐树。焦裕禄带领大家总结出的方法根治了兰考县的"三害"。

焦裕禄不仅在工作中无私奉献，践行"谋利为民"，他也将这种精神融入了自己的家风中。焦裕禄的大女儿中学毕业后，许多人都赶来为她介绍工作，有人介绍她去当小学教师，还有人介绍她去做邮电局话务员。但是，焦裕禄却将大女儿送到了酱菜厂劳动，他希望大女儿能在艰苦奋斗中成长，在艰苦奋斗中为国家和人民做贡献。

☆　　☆　　☆　　☆　　☆

直到今天，"焦裕禄精神"依然毫不褪色，这是因为"谋利为民"的利益观是党员干部永远都应该牢记并践行的利益观。艰苦奋斗，无私奉献的精神也是所有党员干部应该学习并融入家风的宝贵精神。

面对权力和利益，党员干部要保持"如临深渊，如履薄冰"的谨慎，要树"权为公用，利为民谋"的权力观和利益观，明确公与私的界限，坚持清正廉洁的本色。

清风传家，严以治家

4. 守职履责，不损公肥私

对每一个走上工作岗位的人来说，无论做什么工作，在什么岗位上，守职履责都是天经地义的事。党员干部肩负着重要的使命，更应该做到守职履责。

守职履责包含"守职"和"履责"两个层面，"守职"是指坚守工作岗位，做到按时出勤；"履责"是担负起应尽的责任，不打折扣地做好分内事。在当今社会，几乎所有人都能做到"守职"，但能真正做到"履责"人的却只有一部分。

在党员干部中，只"守职"不"履责"者大有人在。比较典型的不"履责"现象包括"出工不出力""搭便车""当老好人""公事私办"等。

"出工不出力""当一天和尚撞一天钟"是少数党员干部的一贯工作态度，他们对待工作能推就推，对待责任能躲则躲。因此，他们的办事能力比较差，工作效率低，执行能力和监管能力不足。一旦遇到大事，需要多承担重大责任时，他们就容易"掉链子"。

☆┈┈┈☆┈┈┈☆┈┈┈☆┈┈┈☆┈┈┈☆

在行政执法局任职的谭某就是"出工不出力"的典型代表。谭某是项目现场负责人，主要负责管理和监督工程质量、施工进度、合同、安全生产等，同时负责工程进度款项的最终审核和拨付。

据谭某的同事反映，他每天都带着笔记本到工程现场进行监督，项目现场出勤率达到100%。可是，他负责监督的三个工程均出现了不同程度的工程款超拨现象，即认定工程进度远超实际工程进度。

纪委监委调查人员在调查过程中发现，谭某在审核工程款支付申请时，并未认真履行自己核准、监督的职责，就草率地拨付了工程款。由于谭某的失职，导致100多万元的工程款被超额拨付，追回一部分后，仍造成了十几万元的损失。谭某被予以党内严重警告处分。

"冰冻三尺，非一日之寒"，谭某的工作态度并不是短时间内形成的。谭某的堂哥、伯父、姑父都是监理工程师，他在家人的影响下选择了成为一名监理工程师，并进入一家建筑公司工作，后来他进入市政部门，并多次担任项目现场负责人。

同时，他也在家人的影响下形成了不良工作作风，他的堂哥、伯父常常收取红包，在工程现场"走过场"。于是，他也有样学样，在工作中"出工不出力"，不履行职责，最终酿成损失。

☆ ☆ ☆ ☆ ☆

事实上，谭某的失职是一种损公肥私的行为，他贪图轻松不履行职责，却造成了公有财产的损失。而且，我们可以从谭某身上看到，不正家风对一个人工作作风的影响。

还有一小部分党员干部在工作中喜欢"搭便车"，只要知道其他同事即将开展的工作与自己的工作沾边，就立刻要求别人"顺便帮忙"，把事情交给别人，让自己落得轻松自在。比如，有的党员干部经常让同事帮自己下乡镇，替自己布置工作，代自己交材料等。这样的行为往往让同事很无奈。

同事之间互相帮助、团结协作是无可厚非的，为了把事情办好，多跑一趟，多操些心也不算什么。但是，每个人都有自己的工作岗位和工作职责，如果做任何事都想着请别人"帮忙"，恐怕也很难履行好自己的职责。更何况"隔行如隔山"，同事可能对我们的工作内容并不熟悉，贸然请同事代劳，很有可能造成工作失误。

自己的事情自己做，是小孩子都明白的道理，身为党员干部更应该端正工作作风和工作态度，独立完成自己的工作。一位廉洁奉公、求真务实的党员干部是不会把自己的工作交给别人代劳的。而且，利用同事"不好意思拒绝""抬头不见低头见"的心理，"绑架"同事，屡次在工作上"搭便车"，是一种损人利己、损公肥私的行为。

这种行为一方面增加了同事的负担，另一方面让工作打了"折扣"。要知道，工作中的很多问题都需要我们亲自落实，亲自解决，有时候只有"当面锣，对面鼓"地沟通，才能把话说清楚，把精神传达准确。而且，走进群众，踏实工作也是党员干部应尽的义务。如果总是依赖同事做"传话筒"，那么我们的工作就有"走样"的危险，甚至有可能对人民群众、对集体的利益造成损害。

当然，在合理统筹、共同协商，并保证工作质量的前提下，在单位内部开展联合办公也未尝不可。有时候，适当地开"顺风车"可以提高工作效率，方便群众。但是，我们应该坚决杜绝以偷懒、省事、损公肥私为目的的"顺风车"。

只"守职"不"履责"的另一个典型现象是当"老好人"。少数党员干部习惯于在工作岗位上当"老好人"，他们认为不做事或少做事，就可以少犯错，还能成为单位里的"老好人"。

从表面上看，这类党员干部能处理好各方关系，在单位里和每个人都相处得不错，而且因为善于处理人际关系而赢得了一片美誉。事实上，"老好人"通常都是缺乏责任担当的人，他们面对工作中的难题时，通常会推托、敷衍，并抱着不求质量，得过且过的态度应付过去。

"老好人"通常善于经营人际关系，以及笼络人心。他们对谁都说好话，在什么场合都能做到"一团和气"。但是，一旦碰到要承担责任的情况，他们却不会主动承担，而是将责任推给他人。习惯于当"老好人"的党员干部既想不犯错，赢得美誉和人缘，又不愿认真承担责任，履行职责，他们的行为也是一种变相的损公肥私。

只"守职"不"履责"不仅是职业道德问题，也关系着党员干部的廉洁。有人可能会认为，不认真"履责"只是工作态度问题，不必上升到廉洁问题。可是"千里之堤，溃于蚁穴"，贪污和以权谋私往往就是由工作态度、工作作风问题发展而来的。渎职与贪污从来密不可分，从"不作为"到"滥用职权"往往只有一步之遥。

为了防止只"守职"不"履责"演变为贪污犯罪，我们要防微杜渐，提升自己的职业道德，将履行工作职责当作自己的本分，要求自己认真对待工作，不做任何损公肥私的事。

事实上，一个人的职业道德、责任感不仅仅体现在工作中，也体现在生活中，我们应该从生活中的小事做起，有意识地加强自己的责任意识。同时，我们要在家庭中弘扬正气，让守职履责、恪尽职守，成为家庭的基因。

5. 不用"关系"，恪守原则和底线

当前的社会上，存在一种"怪现象"：人们按正常程序办一件公事时，往往很不"顺畅"，但如果找到一些"关系"，将公事染上"私"的色彩，那么事情就好办多了。

因此，很多党员干部为了把事情办好，只能迫于无奈地四处找"关系"，拉"关系"，套交情。本来应该按程序办理的公事，却变成了用"关系"才能办成的"私"事，这样的现象让人感到无奈，也不得不引起我们的反思。

这样的"怪现象"之所以存在，是因为少数人信奉"章子不如条子，条子不如面子"，遇事首先想到的不是按规章制度和正常流程办事，而是找"关系"，找门路。比如，他们的子女上学时要找"关系"选个好老师、好班级；看病要靠门路找个好医生。一旦找不到"关系"，也没有门路时，他们就会感到惶恐不安。

当信奉"关系"的人越来越多，人们习惯了事事找"关系"，靠门路，慢慢地，"关系"和门路就成了"敲门砖"和"通行证"。损公肥私、吃拿卡要等不良现象也会从"潜规则"变成"明规则"。在这种情况下，即使有"关系"，公事也会变得越来越难办。

党员干部想要公事好办，就要摒弃"关系"，不将私人关系、私人感情、私人利益带入工作中。我们还要做到依法、依规、依理办事。我们要告诉自己：办公事无须用"关系"，要公道地办，按规矩和流程

第五章 公道正派，刚正不阿传正直家风

办，要公事公办。

不过，在现实生活中，人们经常将"公事公办"错误地理解为"不讲情面"，正常地按规矩"公事公办"也被曲解为"刁难"。因此，找"关系"让事情办得更"顺"，在少数单位成为常态。这反映出我们的社会风气中存在浮躁的一面，也反映出一部分人家风不正的现象。

☆────☆────☆────☆────☆

> 小俞是一名年轻的社区基层干部，她曾经是一个信奉"关系"的人。因为，她的父母家人从小教育她：社会是一个讲人情，靠"关系"的地方，想做成一件事，必须要有"关系"。
>
> 深受家人影响的小俞十分注重自己的人际关系，她经常给同事、领导送土特产和小礼物，大家收也不是，不收也不是。在工作过程中，小俞也喜欢拉"关系"，找门路，宁愿相信"关系"也不相信组织，时常把简单的事情复杂化。
>
> 为了纠正小俞的不正思想，单位领导找小俞谈话，他对小俞说："制度面前只有一把尺，一个标准，我们不能把应该按规章制度和流程办的事看成恩赐。公事就应该公办，而且要理直气壮地去办。遇到任何事，我们首先要按流程、按规矩处理，这是对他人的公平，也是对自己的保护。"
>
> 听了领导的一番话，小俞意识到自己在以往的工作中有许多不当之处。她决心扭转过去的思想，不再依赖"关系"。

☆────☆────☆────☆────☆

小俞的错误思想来源于家庭教育和家风。和小俞一样受到不正家风影响，遇事习惯找"关系"的人一定不在少数。为了克服依靠"关系"

的思想，我们必须深刻地意识到，找"关系"，找门路实际上是一种权力寻租，期望通过"关系"获得便利，是以权谋私的思想。为了保持廉洁，将贪腐扼杀在萌芽中，我们应该学会按规矩办事，恪守原则和底线。

原则和底线是我们做人、做事时应该遵守的法则和标准，也是社会得以运转的规范。如果没有原则和底线，人们的行为会失控，社会秩序也会变得混乱。作为服务于人民，服务于社会的党员干部，恪守原则和底线是基本要求。

党员干部手中都掌握着或多或少的公权力，如果党员干部不恪守原则和底线，不约束手中的权力，就会产生滥用职权、以权谋私和贪污腐败等现象。对于党员干部来说，原则和底线是方向，也是保护伞，可以让党员干部不被"关系"绑架，避免党员干部走上歧途。

既然我们决心恪守原则和底线，就不能当一个左右逢源的"老好人"，而是要做到公正无私，始终维护人民群众的利益，还要说到做到，不徇私情，不谋私利。我们也不能因为害怕影响升迁，就怕得罪人，要有一身正气和大公无私的精神。

恪守原则和底线，也不能"感情用事"。对于党员干部来说，"关系"问题中不仅涉及面子、利益，还涉及感情问题。感情是一把"双刃剑"，正确处理感情问题，能让我们以愉快的心情面对生活和工作，对我们的人生和事业十分有益；反之，如果我们不能正确处理感情问题，一味"感情用事"，因为感情耽误工作，甚至做出以权谋私的事情，就会自毁前程。

恪守原则和底线，就要做到一视同仁。面对家人、朋友的不合理要求，我们应该恪守原则和底线，予以坚决的拒绝。我们要以身作则，树立和弘扬正派的家风，而不是纵容家人的不当言行。家庭是社会的

第五章　公道正派，刚正不阿传正直家风

"细胞"，如果家庭中没有了事事找"关系"、找门路的风气，那么本节开头提到的"怪现象"就会越来越少。

当然，恪守原则和底线并不代表僵化不变，不与时俱进。我们在推进工作的过程中，既要恪守原则和底线，又要灵活处理问题，进行适当的变通。这对我们的工作能力和原则性提出了较高的要求。

总而言之，党员干部要有一身正气，恪守原则和底线，按规矩办事，不依靠"关系"，不被"关系"绑架，只有这样，才能保持廉洁。

6. 涵养家门正气，让腐败不敢近身

做人一身正气，为官两袖清风，腐败污秽自然不敢近身。俗话说"邪不压正"，对于党员干部来说，正气是抵御腐败侵蚀的有力武器，在一身凛然正气面前，任何歪风邪气都会消弭于无形。

党员干部不仅要"修炼"自己的一身正气，还要涵养家门正气，让正气家风浸润每一位家人的心灵，使家人成为防腐拒变的同盟军。

党员干部要从自身做起，要以身作则，监督家人，要用自己的一身正气潜移默化地影响家人。我们应该向"永远活在人民心中的县委书记"谷文昌学习。

☆　　☆　　☆　　☆　　☆

作为党员干部的楷模，谷文昌在抗日战争和解放战争时期就立下了卓著的功勋。中华人民共和国成立后，他又服从组织安排，来到福建东山工作。

清风传家，严以治家

在东山工作期间，他带领东山干部群众苦干十几年，把一个荒岛变成了宝岛。谷文昌一生公私分明，两袖清风，他用自己的一言一行获得了群众的爱戴，用自己的一身正气涵养了家门正气。

谷文昌的家风严正，他对家人的要求非常严格。他的儿子高中毕业后想到工厂当一名工人，但父亲却鼓励他和当时的其他知青一起下乡，到农村接受锻炼。儿子十分不服气，他对谷文昌说："按照规定，身边没有其他子女的家庭，可以有一个留在城市的名额，我留下来并不违反规定，为什么不能留？"

谷文昌说："我是党员干部，如果我不带头，其他人会怎么想，接下来的工作该怎么做？"

听了父亲的话，儿子只好同意下乡，但他要求到东山县当知青。谷文昌依然坚决反对，他说："你到了东山县，大家都知道你是我谷文昌的儿子，都会照顾你，你在那里得不到任何锻炼。"他坚决要求儿子到其他地方当知青，并嘱咐儿子在农村踏踏实实劳动。

谷文昌不给自己的儿子特殊照顾，一方面是因为他为人正直诚实，不愿意自己的儿子受特殊照顾；另一方面，他希望儿子能在农村得到锻炼和成长，也希望儿子养成正直、踏实的品格，不以干部子女而自傲。

为人正派，教育子女十分严格的谷文昌留下了"清白持家、俭朴本分、为民奉献"的严正家风。这样的家风代代相传，让他的子女和后辈受益无穷。在这样严正的家风熏陶下，在这样严格的家教下，腐败是难以滋生的。

第五章 公道正派,刚正不阿传正直家风

谷文昌对儿子的教育,印证了《左传》中的"爱子,教之以义方,弗纳于邪",这句话的意思是父母爱孩子,就要教给他们做人的道理,不要让他们走上邪路。党员干部应该将这句话牢记在心,并时刻以身作则,培养孩子的一身正气,防止孩子走上贪腐的邪路。

除了严格教育孩子,我们还可以通过家规、家训等规范家人的言行,提醒家人远离贪腐。

☆------☆------☆------☆------☆

东汉名臣杨震的后人以"四知"为堂号和家训,提醒后代子孙:做事要光明磊落,无愧于心,因为世界上的任何事都有天知,地知,你知,我知。

"四知"的堂号和家训来源于杨震和王密的一次对话。杨震曾推荐王密为官,王密为了感谢杨震,在杨震因公事路过昌邑县时,半夜给杨震送了10斤黄金。杨震拒绝接受,王密说:"此时是三更半夜,四下无人,你收了也没人知道。"杨震说:"怎么会没有人知道呢?天知,地知,你知,我知。"后来,杨震的后人将"四知"作为堂号和家训。

☆------☆------☆------☆------☆

杨家的家训就像一道"紧箍咒",始终提醒着杨家后人,做人做事要无愧于天地,无愧于良心。这样的家训可以涵养家门正气,也可以培养子孙后代正直诚实的品格。

除了严格教育子女,制定家训、家规,我们还要在平时的生活和学习中培养家庭中的正气。

首先,我们在生活中要做到诚实守信,为人正直,用自己的好品格、好作风为家人树立榜样。"其身正,不令而行;其身不正,虽令不

从。"如果我们能以身作则，家人就会受到正面影响。严正家风的养成并不是一朝一夕的工夫，而是要在"润物细无声"的浸润中形成。

其次，我们要提升家庭的法治意识，让家人知法、懂法、守法。法律是一道不可触碰的高压线，如果家人不懂法，甚至违法，严正的家风又该如何养成呢？

最后，我们要以清廉、勤俭的作风涵养正气。过分追求物欲和奢靡享乐，会使贪欲和邪念滋长，形成腐败的温床。因此，我们应当在家庭中推行勤俭节约的生活方式，培养健康的兴趣爱好。

家中有正气，家庭腐败才不会找上门来。我们要从点滴做起，涵养家门正气，将腐败拒之门外。

第六章

遵纪守法，不碰腐败"高压线" 传守法家风

对党员干部来说，党纪国法是不可触碰的"红线"。一人违法违纪，可能会导致一个幸福家庭的毁灭。为了避免"一人不廉，全家不圆"的悲剧，党员干部要强化自己和家人的法治意识，自觉遵守各项廉洁规定，远离各种不法场所，把紧家门，不碰腐败的"高压线"。

清风传家,严以治家

1. 一人违法违纪,毁灭一家三代

党员干部的违法违纪行为不仅会给社会和国家带来危害,同样会给家庭带来毁灭性的打击。一人违法违纪,连累一家三代,并不是危言耸听,而是一个又一个发生在我们身边的活生生的例子。违法违纪者的每一次"伸手",每一次滥用职权,都是在加速家庭的毁灭。

一些党员干部之所以违法违纪,之所以以权谋私,就是想让家人过上更富裕的生活,结果却适得其反,他们非但没有让家人过上更好的生活,反而加速了家庭的毁灭。当他们一次次触犯国法和党纪,一次次任由贪欲膨胀时,家庭或许早已被抛诸脑后。等他们东窗事发,锒铛入狱,才发现悔之晚矣。

然而,世上没有后悔药,破碎的家庭也难以恢复如初。为了不让自己后悔,党员干部要谨记教训,管住自己和家人,用廉洁守护家庭。

☆ ---------- ☆ ---------- ☆ ---------- ☆

某原区委书记叶某在服刑期间回顾了自己的心路历程,他说:"我的贪污犯罪之路始于一个1万元的红包。收到红包后,我曾经想过要将钱退给对方或上交纪委,但是我最终收下了那笔钱,并用那1万块钱给父母买了礼物。我敛财的目的是让家人过得更好,到头来,却害了他们。"

自从收了第一个红包,叶某就开始通过帮人"办事"敛财,进行权钱交易。他认为自己手中的权力是一种资源,是可

第六章 遵纪守法，不碰腐败"高压线"传守法家风

以变现或获取其他回报的。叶某说，只要别人有所"表示"，他就不会拒绝帮忙。这样的"表示"少则几千元，多则几万元，慢慢地，他的胃口越来越大，甚至可以心安理得地收受几十万元、上百万元的贿赂。

随着贪腐行为的升级，叶某的生活圈和朋友圈也逐渐变质，他开始追求奢靡享乐，追求糜烂堕落的生活方式。他背叛了婚姻和家庭，先后发展了三段婚外情，不仅败坏了自身形象，影响了工作，也破坏了家庭。

叶某被"双规"后，妻子与他离婚，80岁高龄的母亲每天以泪洗面，几乎哭瞎了双眼，上大学的儿子因为忍受不了同学的议论和异样的眼光，申请休学一年，影响了学业。叶某的违法违纪行为破坏了一家三代人的幸福生活，虽然他的心中有无限的悔恨与自责，但是他对家庭造成的伤害已经无法弥补。

案例中的叶某虽然既痛苦又后悔，但是苦果已经酿成，家庭已经破碎，他的忏悔来得太迟了。我们应该从叶某的案例中吸取教训，时刻谨言慎行，慎独自律，守住廉洁，严格要求自己，绝不触犯国法和党纪。我们时刻都要牢记：违法违纪不仅会害了自己，也会害了孩子、配偶和父母。

首先，党员干部违法违纪会让孩子的前途、身心健康、学业和工作等方面受到负面影响。贪污犯罪属于刑事犯罪，如果父母曾有刑事犯罪记录，或者正在服刑，孩子可能无法顺利报考司法、监狱、警察等岗位的公务员。

此外，父母因违法违纪身陷囹圄，可能会对孩子的心灵造成严重的伤害。孩子有可能因为父母的违法犯罪行为受到歧视，并承受巨大的心

理压力。在巨大的心理压力下，孩子的身心健康将会受到影响，甚至有可能荒废学业走上歧途。

其次，党员干部违法违纪会伤害配偶，还有可能导致婚姻关系破裂。党员干部是家庭的顶梁柱，如果这个顶梁柱"倒了"，那么作为党员干部的配偶，势必会承受更大的生活压力和经济压力。有的党员干部甚至会和自己的配偶共同贪腐，导致夫妻双双身陷囹圄。

更重要的是，夫妻双方中任何一人违法犯罪，都有可能让家庭经济陷入困难。比如，某贪官因贪污罪和挪用公款罪被判处无期徒刑，剥夺政治权利终身，没收个人全部财产。该贪官的家庭在一夜之间变得一无所有，连孩子的学费都拿不出来。

最后，党员干部违法违纪会让父母伤心。父母都盼望孩子成才，而党员干部的违法违纪行为则辜负了父母的期待和培育。试想一下，孩子因违法违纪受到处罚，甚至身陷囹圄，父母会有多伤心、多失望；当党员干部身陷囹圄时，年迈的父母由谁来照顾呢？

树欲静而风不止，子欲养而亲不待。党员干部应该用自己的关怀和陪伴孝敬父母，用自己的廉洁作风让父母自豪，而不是因违法违纪让父母伤心。

很多党员干部人到中年，上有年迈的父母，下有年幼的孩子，是家庭的"主心骨"和"顶梁柱"，一旦倒下，整个家庭顷刻间就会分崩离析。为了家庭的幸福与和谐，党员干部必须管住自己，做到遵纪守法，不碰腐败"高压线"，让家庭因守法而安宁，因守法而团圆。

遵纪守法，不以权谋私，不滥用职权，是党员干部在工作中必须遵守的准则，也是维护美满家庭的必要措施。党员干部不仅要自己做到遵纪守法，还要督促家人遵纪守法，让守法家风在家庭中弘扬。只有守法，家庭才能安宁、团圆；只有守法，家人才能幸福、安康。

2. 强化法治意识,做知法守法"明白人"

俗话说"打铁还需自身硬",如果我们没有形成较强的法治意识,没有足够的法律知识,在平常的工作和生活中不学法、不懂法,那么我们就很难做到知法、守法。我们在工作中也会出现办事不公,知法犯法,不知法而违法等现象。

法治意识是指我们对法律的认同、遵守和崇尚,它具有很强的稳定性和持久性,一旦形成,便会扎根于我们的思想中。只有形成了强烈的法治意识,我们才会自觉地遵守法律,并捍卫法律的尊严。

为了强化自身的法治意识,在家庭中弘扬知法、学法、守法的家风。身为党员干部,我们要做懂法的"明白人"、守法的"带头人"和普法的"领路人"。

我们要自觉主动地学习法律知识,做到学法、知法和懂法,并在日常生活和工作中"内正其心,外修其行"。我们要在思想上树立法治意识,形成对法律的敬畏心,还要坚定地将法治意识落实到自己的一言一行中。

我们要做心中有法、知法懂法的"明白人",提升依法办事的能力,并将法律当作悬在头顶的"达摩克利斯之剑",时刻提醒自己,谨言慎行,三思而后行。

强化法治意识,贵在知行合一,我们不仅要知法懂法,还要做到守法。"天下之事,不难于立法,而难于法之必行。"制定法律并不是最困难的事，实施法治，将法律落到实处才是最难的。党员干部要做守法的"带头人"，在日常工作中做到守法、依法办事。

党员干部要恪守各项法律法规，谨言慎行、谦虚谨慎、尽职尽责、兢兢业业地做好实事，还要主动维护法律的尊严，做到敬畏法律、尊重法律。共产党员要以身作则，做人民群众的守法榜样，成为一个心中有法律、有规矩的表率。

如果一名党员干部法治意识不强，不守法，不依法办事，那么，即使他的能力再强也办不好事情，甚至有可能造成更大的危害。因此，党员干部必须强化法治意识，心中存一分敬畏，行事多一分正气。

此外，党员干部要深入理解法律法规，在法律法规的指导下运用手中的权力，避免出现随意用权、滥用职权等现象。简单来说，我们要明白什么事能做，什么事不能做。我们要将法律当成心中的一块明镜，一把戒尺，坚持做到依法执政，按规矩办事。

党员干部不仅要知法、懂法，还要普法，要成为普法的"引路人"。加强群众的法治意识，是党员干部应尽的义务。而且向家人普法，树立家庭的法治意识，是廉洁家风建设中的重要部分。法治的根基在于人民群众，在于千千万万个家庭。

在日常生活中，违反交通规则、考试作弊、不遵守公共秩序等现象屡屡出现，说明人们的法治意识仍然有待加强。少数党员干部的子女、家属参与腐败，搞特殊化的现象，也说明了强化家庭法治意识，树立守法家风的迫切性。

那么，守法家风应该如何建立呢？

事实上，我国传统家风中就已经蕴含了守法的理念，也是我国现代道德、法律理念的来源。比如，《朱子家训》中的"勿恃势力而凌逼孤寡，毋贪口腹而恣杀生禽"体现了对个人生命和财产的尊重和保护，

第六章 遵纪守法，不碰腐败"高压线"传守法家风

与现代法律精神不谋而合；《程氏家训》中的"见不义之财勿取"也体现了朴素的守法思想。而且，历史的经验告诉我们，家风对人的道德教化与法律对人的约束和限制，在本质上是殊途同归的。

因此，我们一方面要坚持弘扬传统好家风，汲取其中的守法、敬畏法律、尊重法律的思想，并用家风规范自己和家人的行为。另一方面，我们要与时俱进，和家人一起学习现代法律知识、现代法律思想，了解日常生活中常用的法律，学习廉洁法规，建设一个守法家庭，避免家人因不懂法而触犯法律法规。

某市原副市长唐某的儿子在该市注册成立了一家建筑工程责任有限公司，并从事经营活动。唐某的儿子在唐某管辖区域内从事经营活动，可能影响唐某执政、办事的公正性，属于违规行为。该市纪委书记接到举报后，找唐某谈话，提醒他及时纠正违规行为，让其儿子停止在本市内的经营活动，如果不纠正，则应主动辞去现任职务。

唐某不以为意，认为儿子的经营活动与自己无关，其家人也认为唐某没有违规，因此拒绝停止经营活动。但是，唐某的违规行为可谓板上钉钉，不容丝毫狡辩。纪委监察部门根据《中国共产党纪律处分条例》对唐某予以了纪律处分。

在我们看来，唐某及其家人的行为十分荒唐，明明违规却拒不承认，拒不纠正，最终等来了党纪的处分。

如果党员干部不加强个人和家庭的法治意识、法律素养，也不培育和建设守法家风，就会因为不懂法、不知法、不守法而受到法律的严

惩。优良的守法家风不仅可以强化我们的法治意识，而且能起到道德约束的作用，可以从源头上遏制违纪违规行为。

法治，是时代精神的体现，也是社会发展的要求。对党员干部来说，法治意识是保持廉洁的思想武器，只有不断强化法治意识，才能永葆清廉本色。"纸上得来终觉浅，绝知此事要躬行"，"知法、守法"这四个字看似简单，却需要我们从自身做起，主动学习相关法律法规，坚持依法办事，还需要我们在家庭中弘扬法治精神，建设守法家风。

3. 谨遵廉洁规定，绝不碰触腐败"高压线"

常言道"律己则寡过"，只有严格要求自己，才能少犯过错。党员干部如果想要避免违规，保持廉洁，就要严格自律，恪守廉洁规定，绝不触碰腐败"高压线"。因此，广大党员干部应该从三个方面入手，远离腐败"高压线"。

第一个方面，我们要加强学习，将廉洁规定牢记心中。《中国共产党廉洁自律准则》（以下简称《准则》）和《中国共产党纪律处分条例》（以下简称《条例》）等是党员干部的"廉洁教科书"，必须认真学习，并将相关违纪违规行为和相应的处罚牢牢记在心中。深入学习《准则》和《条例》，可以让我们在日常工作和生活中，有意识地规避违规行为。

老徐是某市开发区建设工程招标办主任，他所管理和服务

第六章 遵纪守法，不碰腐败"高压线"传守法家风

的企业经常以各种理由邀请他赴宴。面对各种邀请，老徐的态度是坚决拒绝，因为他深知参加宴请是违纪违规行为。

为了坚持廉洁作风，不违反廉洁规定，老徐坚决地拒绝了所有的宴请。同时，他坚持学习各类廉洁规定，并借助廉洁规定，约束自己的行为，不触碰腐败"高压线"。

☆-------☆-------☆-------☆-------☆

我们应当和案例中的老徐一样，通过学习廉洁规定来强化自己的廉洁意识，增强反腐败的决心，用廉洁规定约束和规范自己的行为。

第二个方面，我们要树立廉洁形象，使腐败不敢侵蚀。在纷繁复杂的社会环境中，只有"立身正心"的人，才能"不挫于物"。对于党员干部来说，只有树立清正廉洁、刚正不阿的形象，才能不被那些行贿者、不法商人和权力掮客拉拢、腐蚀和"围猎"。

☆-------☆-------☆-------☆-------☆

某省原副厅级干部何某酷爱饮酒，而且喜好名酒，时常管不住自己的嘴巴和手。每逢企业宴请，何某只要一听说席上有好酒，就会欣然赴宴。对于何某来说，纪律在美酒面前不值一提。何某喜好美酒是众所周知的事，不少想找他"办事"的人都投其所好，或请他吃饭喝酒，或送酒给他。

就这样，何某的底线在一次次违规中失守，逐渐走上了收受贿赂，以权谋私的道路。最终，何某因贪污受贿成了阶下囚。

☆-------☆-------☆-------☆-------☆

何某没有从一开始就树立廉洁形象，而是违规参与企业的宴请，而且喜好饮酒。他的喜好和违规行为让不法商人和权力掮客找到了可乘之

机。我们应该引以为戒，做到谨守廉洁规定，严格照章办事。

首先，党员干部要严格遵守廉洁规定，不能"打马虎眼"，比如，接待客人时要严格按照相关接待标准执行，杜绝大摆宴席和大操大办的不良风气。坚守廉洁规定，是党纪国法的要求，也是对自己的保护，对家人的爱护。

其次，党员干部要严格按照相关程序办事，做好自己的分内事，承担自己应尽的职责，不以权谋私，不玩忽职守。如果我们在工作中形成了照章办事、秉公办事的作风，那些企图"走后门""找关系"的人，也不会轻易地找上门。

第三个方面，党员干部要勇于接受监督。权力没有被约束，是腐败产生的重要原因之一。为了防微杜渐，我们应该勇于接受监督。

（1）我们要接受家人的监督，让自己在"八小时"之外保持廉洁，不违反廉洁规定，形成健康的生活方式，净化自己的朋友圈，远离不怀好意的人和容易滋生腐败的场所。家庭永远是防止贪腐的重要防线，我们必须在家庭中建设廉洁家风，并接受家人的监督。

☆------☆------☆------☆------☆------☆

某乡镇党员干部胡某的儿子考上了大学，亲戚朋友纷纷向胡某及其家人表示祝贺。为了庆祝儿子考上大学，胡某萌生了举办升学宴的想法。他将自己的想法告诉妻子后，妻子劝阻他："办升学宴是违纪行为，你可不要犯糊涂！而且，帮孩子庆祝升学没有必要大操大办，咱们一家人在一起吃顿饭就行了。"

胡某听了妻子的话，想起《条例》中的规定感到深深地惭愧。

如果没有妻子的监督和劝阻，胡某就会因为违纪而遭受处分。

☆------☆------☆------☆------☆------☆

从胡某身上，我们可以看到接受家人监督的必要性。当我们头脑发热，或不清醒时，家人可以给我们适当地"泼冷水"，让我们保持冷静和谨慎，帮助我们守住廉洁。

（2）我们要接受领导和同事的监督，让他们督促自己在工作中谨守廉洁规定，切实履行自己的职责。

（3）我们要接受群众的监督，并在他们的监督下做到照章办事，秉公办事。如果说家人监督的是党员干部"八小时"之外的生活作风，领导、同事和群众监督的则是"八小时"之内的工作作风。

腐败是一条"高压线"，任何时候都碰不得，因此我们必须无条件地谨守廉洁规定，保持廉洁作风，不能打一丝一毫的"折扣"。我们要在工作和生活中严防死守，不做任何违反廉洁规定的事。除此以外，我们还要建设廉洁、守法家风，在家庭中营造廉洁、奉公、守法的风气，不给腐败留下滋生的空间。

4. 远离不法场所，避免掉进贪污的陷阱

《乐府诗集·君子行》中有这样一句话："君子防未然，不处嫌疑间。瓜田不纳履，李下不正冠。"这句话的意思是在瓜田边不要弯下腰来穿鞋，在李树下不要抬起手来整理帽子，以免产生偷瓜和摘李的嫌疑。人们认为"瓜田李下"是容易产生嫌疑的场所，君子应当自觉地远离。

避免"瓜田李下"之嫌是一种处事的智慧，也是为官的准则。远

清风传家，严以治家

离"瓜田李下"就是远离贪污腐败的陷阱，关于这一点，北齐名臣袁聿修十分认同。

有一次，时任博陵太守的袁聿修外出考察，路过山东兖州，当时担任兖州刺史的是他的老朋友邢邵。袁聿修在得知邢邵准备将一匹当地产的白缎赠送给他后，便提前离开了兖州。下属不解，询问缘由，袁聿修回答："应避'瓜田李下'之嫌。"

袁聿修认为，兖州生产绸缎，而且邢邵已经准备好了特产，即使自己拒绝了，在不知内情的人看来，也有收礼的嫌疑，倒不如提前离开是非之地。袁聿修为官清廉，而且有做官的智慧，所以他能够保持清廉，并赢得"清郎"的雅号。

在当时的袁聿修看来，兖州是"瓜田李下"，容易引起嫌疑，应该迅速远离。他之所以能保持廉洁，与他的这份谨慎和智慧是分不开的。如果党员干部想要永葆廉洁，就要学习袁聿修的谨慎和智慧，远离"瓜田李下"。

对于如今的党员干部来说，"瓜田李下"包括赌场、低俗场所、超标准的公务宴请、大操大办的宴席、高消费场所等不法、违规场所。

其中，赌场是最容易让党员干部腐化的不法场所，从参赌涉赌的那一刻起，党员干部的廉洁防线就已经被攻破了。

须知从赌到贪只有一步之遥，在落马的党员干部中，不少人就是因赌博而走上贪腐之路。赌博危害猛于虎，党员干部赌博的危害更甚。有的党员干部嗜赌成瘾，只要坐上牌桌，就将职责和纪律全都抛诸脑后，

第六章 遵纪守法，不碰腐败"高压线"传守法家风

甚至犯下玩忽职守罪；还有的党员干部为了偿还赌债，想方设法地贪污、挪用公款。

☆------☆------☆------☆------☆

某县原政府干部齐某，在任职期间，挪用"新农保"资金150多万元，损害了几千名村民的利益。齐某挪用的资金全部用于赌博，他为了一己私欲，将村民的保险金拿去填了"无底洞"。

某区政协原副主席汪某沉迷赌博，他在赌博过程中，与商人季某进行权钱交易。汪某在牌桌上经常以赌资不够为由，向商人季某"借"钱，通过这种方式，汪某收受贿赂20余万元。

☆------☆------☆------☆------☆

小小的一张牌桌，是一小部分党员干部追求奢靡享乐的场所，也是政商勾结的温床，更是贪污腐败的陷阱。党员干部的赌博恶习，则为行贿打开了通道，为贪污埋下了引子。如果不能远离赌桌、赌场，党员干部将与廉洁无缘。

党员干部不仅要远离赌博的牌桌，还要远离超标准公务宴请的饭桌。公务接待应厉行节俭，不应铺张浪费，更不应超标准接待，党员干部参与超标准公务宴请是违纪行为。各项廉洁规定中，对于公务用餐标准有严格的规定，上下级之间无实质性公务活动的公款宴请，同城各部门之间的公款宴请，基层单位安排的公款宴请，公务区域之外的异地公款宴请，管理、服务对象安排的宴请等都属于违规的超标准公务宴请。

对于党员干部来说，有的喜庆宴席也不应随意举办或参加，比如，大操大办的婚丧喜庆宴席，有敛财、收礼性质的宴席（升学宴、生日

宴等），违反公序良俗的宴席等。违规的公务宴请、宴席不仅会助长奢靡享乐之风，还有可能滋生腐败，党员干部在面对饭桌时，也要提高警惕。

我们一定要明白，不是什么饭局、宴席都能随意参加，如果参加了违规饭局、宴席，就有可能沾染上追求吃喝的恶习，或者陷入饭桌上的权钱交易陷阱。在某些饭局上，一些放松警惕的党员干部，很容易成为权力掮客和不法商人眼中的"猎物"。

此外，低俗场所也是党员干部应该远离的。有人可能认为，自己私下出入这些场所属于私生活，与党员干部身份无关。殊不知，当他们沉溺于灯红酒绿、吃喝玩乐时，就已经严重损害了党员干部的形象。

一旦党员干部习惯了腐朽、庸俗的生活方式，沾染了不良生活作风，就会丢失自己的理想信念和道德底线，甚至滑向贪污犯罪的深渊。如果一名党员干部经常出入低俗场所，导致生活作风出现问题，那么他的反腐拒变防线就不再无懈可击。

出入不法、违规场所，不仅会导致党员干部落入腐败的陷阱，还会破坏党员干部的家庭和谐。因赌博导致家庭破碎，因作风问题导致婚姻亮起"红灯"，这类情况已经发生在了少数党员干部身上。惨痛的教训告诉我们，党员干部应该培养健康的生活情趣，在个人爱好、生活习惯、人际交往等方面进行合理的自我约束，远离不该出入的场所，不该接触的人群，自觉地抵御诱惑。

5. 敬畏法纪,把紧家门

"畏则不敢肆而德以成,无畏则从其所欲而及于祸。"敬畏,是人们对事物的一种态度,这种态度让我们自觉约束自己,不敢放肆。敬畏并非惧怕,也不是顶礼膜拜,而是尊重,我们对法纪的敬畏也是如此。

敬畏法纪,就是将法纪当作信仰,当作不可触碰的底线。敬畏法纪是一种信念,一种价值观。只有对法纪心存敬畏,行为才不会越界,腐败才不会发生。只有对法纪心存敬畏的人,才能做到自律、慎独、谨言、慎行。每一位党员干部,都要将"敬畏法纪"根植于心间。

少数党员干部的法治意识比较淡漠,仍然存在"权力大于法律"的思想,并且习惯于将自己凌驾于法纪之上,导致以权压法、徇私枉法的现象时有发生。究其原因,就是缺乏对法纪的敬畏之心。

战国时期的法家代表人物李悝是敬畏法纪的典范。有一天,他在审理一桩命案时,嫌疑人主动承认了自己在3年前犯下的一桩谋杀案。听完嫌疑人供词的李悝脸色惨白,丝毫没有结案的喜悦。

这是因为,3年前的那桩谋杀案是李悝亲自审理的,而且给"凶手"判了死刑。因为自己的错审害死了无辜的人,李悝十分愧疚,而且按照他自己定下的《法经》规定,这是死罪。李悝考虑良久后,决定自杀谢罪。

清风传家，严以治家

李悝用自己的死，诠释了对法纪的尊重和敬畏。他可以找到许多理由为自己辩护，而且，凭借他当时的威望和地位，完全可以不用走上自杀谢罪的道路。他之所以选择自杀谢罪，是因为他对法纪十分尊重和敬畏。

☆--------☆--------☆--------☆--------☆

我们可以从李悝身上得到一个启示：只有发自内心地敬畏法律，才会严格遵守法纪。党员干部应该学习他的精神，敬畏国法和党纪。

国法和党纪是规范和约束人们行为的准则，也是保护人们利益的武器，侵犯国法和党纪的人必将受到惩处。党员干部应该做到熟知法纪，尊重法纪，并在工作中依法办事，在生活中遵纪守法。

除了管好自己以外，党员干部还要把紧家门，管好家人，让家人也做到知法守法，敬畏法纪。纵观近几年的社会新闻，不少党员干部因家人违法乱纪被舆论谴责，被党纪处分，有人为这些党员干部叫屈，认为他们是无辜的，家人的错误不应算在他们的头上。

那么，这些党员干部真的无辜吗？答案是否定的。家人违法乱纪，这些党员干部有不可推卸的责任。因为，他们没有把紧家门，管好家人，也没有建立良好的家风，导致家人目无法纪。

☆--------☆--------☆--------☆--------☆

某市人民检察院原副检察长蔡某，在工作中履行了自己的职责，却在家风建设中"失职"了，由于他的"失职"，他的岳母和妻子在外以势压人，欠账不还，收取贵重礼品，导致家庭的"廉洁门"失守。

蔡某的岳母与邻居产生矛盾，双方争执不下时，蔡某的岳母将邻居推倒在地，并伙同他人殴打邻居一家，她嚣张地说：

第六章 遵纪守法，不碰腐败"高压线"传守法家风

"你去告啊，我女婿是检察院的领导！"蔡某的岳母为人十分嚣张，多次仗势欺人，甚至欠账不还。蔡某的妻子常常以"检察长夫人"自居，曾以庆祝生日为名，收取蔡某下属赠送的价值数万元的名牌皮包。

直到被举报，蔡某才得知岳母和妻子的所作所为，他感到十分愧疚和后悔，认为自己对家庭的关心太少，没有尽到管好家人，教育家人的责任，导致家人仗势欺人，对法纪毫无敬畏之心。

☆ ☆ ☆ ☆ ☆

蔡某的岳母和妻子之所以目无法纪，是因为其法治观念淡薄，更是因为蔡某没有把紧家门。蔡某忽视了家风建设，忽视了家庭中的法治教育。

对于每位党员干部来说，家庭是"大后方"，一旦"大后方"失守，即使党员干部在前方严防死守，廉洁防线也会被突破。

因此，党员干部必须把紧家门，守好"大后方"。

把紧家门的前提是关心家人，关注家人的一言一行。案例中的蔡某对家人疏于关心，也没有关注家人平时的言行，所以他对岳母和妻子的行径一无所知。我们应该吸取教训，及时关注并约束家人行为，及时发现违法违纪的"苗头"。如果案例中的蔡某能及时发现岳母的仗势欺人、妻子的私心贪欲，并及时予以纠正和监督，或许后面的事就不会发生了。

把紧家门就是要在家庭中树立敬畏法纪的意识，加强对家人的法治教育。我们尤其要加强配偶和家庭中未成年人的法治教育。在家庭中，配偶既可以成为党员干部的"廉内助"，也可能成为党员干部的"贪内助"，为了管好配偶，使其成为"廉内助"，我们就要帮助配偶强化法

治意识，让他们了解什么该做，什么不该做。

未成年人的健康成长关系着家庭的幸福与和谐，他们对法纪的态度关系着家庭的廉洁。如果党员干部家庭中的未成年人目无法纪，对法纪没有敬畏之心，那么他们将有可能走上歧路，仗着干部子女的身份为非作歹，仗势欺人。因此，每个家庭都应该重视未成年人的法治教育。

把紧家门就是要以身作则，树立守法、尊法的家风，杜绝"节日腐败""家庭腐败"。为了树立家风，党员干部要以身作则，不挪用公款，不公车私用，不接受礼品、礼金，不出入不法场所，不借婚丧喜庆敛财，不参加同乡会、校友会等。当我们能做到谨守廉洁规定，并将这些规定落实到工作和生活中，就能在家庭中树立起一个"敬畏法纪"的好榜样。最重要的是，只有当我们做到敬畏法律、敬畏纪律，自觉管住自己，并在廉洁自律方面以身作则，才能树立优良的守法家风。

把紧家门就是要严防死守，杜绝家庭中的一切违法违纪行为，不让腐败有一丝可乘之机。我们不仅要让家人知法、守法，还要让家人敬畏法律，自觉远离腐败。

第七章

自律自省,以身作则端正家风

党员干部想要端正家风,就要做到"律人先律己",用强大的自律能力,抵御灯红酒绿、金钱利益的诱惑。党员干部要发挥表率作用,自觉反省和检视自己,纠正自己的不良行为,让自己成为家人的廉洁榜样。

清风传家，严以治家

1. 律人先律己，守廉先守心

古语有云："唯无瑕者，可以戮人。"自古以来，中国传统文化都十分强调"律己"，人们认为，唯有以身作则、严于律己的人，才有资格指责别人的过失。明代政治家钱琦在自己的著作《钱公良测语·规世》中写道："治人者必先自治，责人者必先自责，成人者必先自成。"

律己包含两个层面，第一个层面是他律，第二个层面是自律。他律是社会道德标准、法律、纪律、公序良俗等对我们的强制性约束，如果我们试图冲破这些约束，就要付出相应的代价，如法律的惩处、道德的谴责。他律是维持社会正常运转，人们正常生活的必要条件。

律己的第二个层面是自律，即自我约束，自我管理。通过自律，我们可以不断提高自己的能力，锤炼自己的道德品质，规范自己的行为。而且，人如果不自律，就很有可能突破社会道德标准、法律、纪律、公序良俗等的底线。

对于党员干部来说，律己就是遵守党纪国法，并在此基础上提升自己的思想境界，锤炼自己的意志品质，提高自己的素质和能力，防止腐化变质。因此，共产党员要敬畏党纪国法，要时常拿出党纪国法的尺子量一量自己，还要勤于自省，做到慎独，真正做到清正廉洁。

党员干部在监督同事，约束和管理下属、家人之前，要先律己，要先拿扫把清除自己身上的"灰尘"。用通俗的话说，就是"打铁还需自身硬"。

第七章 自律自省，以身作则端正家风

"律人先律己"的道理说起来容易做起来难，在实际生活中，很多人都只能"律人"，不能"律己"，明明自己也做不到的事情，却一味地要求别人做到。比如，有的党员干部自己喜欢出入高消费场所，参加各种饭局，却要求家人勤俭节约；有的党员干部喜欢贪图小恩小惠，却要求家人"视金钱如粪土"，这是不实际的，也是行不通的。

端正廉洁家风的前提条件，是党员干部严于律己，否则，家庭的廉洁防线会轻易地被突破。

☆ ┈┈┈ ☆ ┈┈┈ ☆ ┈┈┈ ☆ ┈┈┈ ☆

　　某区原副区长王某滥用职权，为多家单位和个人提供"帮助"，并借此敛财500多万元。王某不仅自己以权谋私，他的妻子和女儿也参与了贪腐。这个原本幸福的三口之家，因为贪腐而破碎了。这一切的始作俑者正是王某本人。

　　作为一名党员干部和家庭的顶梁柱，王某不仅没能以身作则，保持廉洁作风，而且主动带领家人参与腐败。他暗示房地产开发商赵某与自己的妻子"处好关系"，赵某心领神会，对王某的妻子百般讨好，经常赠送购物卡、名牌服装、名牌包，并认其为干妈。而且，赵某还为王某的女儿购置了一套商品房，让王某的女儿在自己的公司挂职"吃空饷"。赵某还多次带王某的妻子和女儿到澳门赌博，为她们提供赌资。

　　东窗事发后，王某后悔不已，他说："我没有以身作则，没有管好自己，还把家人也带上了歪路。我是家庭的主心骨，我这个上梁不正，下梁自然就全歪了。"

☆ ┈┈┈ ☆ ┈┈┈ ☆ ┈┈┈ ☆ ┈┈┈ ☆

我们不难看出，王某一家之所以贪腐，最主要的原因是王某没有带

清风传家，严以治家

好头，没有做到律己。自然地，他也不会严格约束和管理家人。王某之所以不能做到律己，是因为他的"心不正"，不能遏制住自己的贪欲。为了避免和王某犯一样的错误，我们要"守心"，即守廉先守心。

守心是指端正思想态度，树立正确的价值观，遏制心中的私心贪欲，把"两袖清风，保持廉洁"作为自己的准则。只有守住自己的心，不受金钱、美色的诱惑，坚定"为人民服务"的信念，我们才能守住廉洁。

清心为治本，直道是身谋。"清心"是提升思想道德修养的根本措施，"直道"即廉洁奉公，是为自身谋虑。但是，只有先"清心"才能实现"直道"。也就是说，只有清除内心的私欲，注重修炼"内功"，筑牢防腐拒变的思想防线，才能真正做到廉洁奉公。

行为是思想的直接体现，如果我们没有清廉思想，内心充满私心杂念，在行为上也很难真正地做到两袖清风。守廉先守心，是指党员干部要从端正态度，从思想根源上恪守廉洁。纵观历史上著名的清官，他们无不具有很高的道德修养，并以清廉为荣。

☆-------☆-------☆-------☆-------☆

明朝名臣、民族英雄于谦写下了千古名句"千锤万凿出深山，烈火焚烧若等闲。粉骨碎身浑不怕，要留清白在人间"，以表达自己恪守清廉的决心。在他的为官生涯中，他也确实做到了两袖清风。

于谦为官35年，始终兢兢业业，从不以权谋私。明朝中期，明英宗即位后，宦官王振把持朝政，贪官污吏横行，朝廷风气败坏。当时甚至有一个不成文的规定：凡是大臣入京，都要给王振赠送厚礼，否则就会遭到刁难和迫害。

但是，于谦并不愿意随波逐流，他每次进京，都只带随身行李。同僚劝他进京时带上金银或土特产,以免遭殃,于谦却举起自己的袖子说:"我只有两袖清风。"

后来,于谦被诬陷杀害,并被抄家。到于谦家里抄家的人发现,于谦竟然"家无余资"。仅有的价值较高的物品,均为皇帝赏赐的物件。

于谦之所以能成为一代名臣,一代清官,是因为他能"守心",能够恪守自己的底线。

律人先律己,守廉先守心。在建设端正家风,保持清廉作风方面,我们要从自身做起,从根源抓起,杜绝贪腐行为,遏制私心贪欲。因此,我们要时刻自省,做到律己、守信。

2. 耐得住寂寞,灯红酒绿不动心

在商品经济发展的大潮中,难免鱼龙混杂、泥沙俱下。经济发展让人们的生活水平不断提升,同时,享乐主义、腐朽生活方式和拜金思想也在迅速发酵和传播,导致很多人迷失在灯红酒绿中,荒废了青春,耽误了大好人生。

灯红酒绿、纸醉金迷、声色犬马的生活方式具有很强的腐蚀性,它会消磨人的意志,让人染上懒惰、贪婪、放纵的恶习。古往今来,不少官员都在灯红酒绿中滑向了贪腐的深渊,在金钱、美色和权欲中迷失了自己。

清风传家，严以治家

常言道："常自律远离灯红酒绿，恒自警分清善恶美丑。"如果我们想要做到廉洁自律，就要耐得住寂寞，远离灯红酒绿。如果我们耐不住寂寞，放任自己选择这种腐朽的生活方式，就有可能越陷越深。对于党员干部来说，灯红酒绿的生活就是贪污腐败的"催化剂"。

☆┈┈┈☆┈┈┈☆┈┈┈☆┈┈┈☆

某市政协原副主席张某涉嫌因严重违纪被开除党籍，开除公职。回顾他的贪腐之路，我们可以看到一位党员干部被灯红酒绿腐蚀的过程。

由于业务能力突出，张某曾在工作中获得多项荣誉，并受到上级领导的重用和提拔。然而，春风得意的张某没有继续沉下心来工作，反而放松了对自己的要求。由于对自己的放任，再加上有心人的煽动和引诱，张某一步步沉沦了下去。他不再一心扑在工作上，而是一有时间就喝酒、打牌，经常喝得醉醺醺的。不仅如此，他还经常出入各种高消费场所，辗转于各种饭局。

当时的张某被酒色财气冲昏了头脑，放任自己走向违法违纪的深渊。他说："面对红包礼金，我曾经一概不收，后来，只要红包金额不大，不涉及明显的权钱交易，我就会收下。慢慢地，我开始收现金，收贵重礼品，而且收得理直气壮，完全忘了自己是一名党员干部。"

☆┈┈┈☆┈┈┈☆┈┈┈☆┈┈┈☆

张某之所以腐化，固然有被他人煽动、引诱的原因，但更多的是因为他耐不住寂寞，在事业上做出一些成绩后，便不甘平淡，开始迫不及待地享受他人的阿谀奉承，追求奢靡享乐的生活。

耐不住寂寞的党员干部，往往很难抵御诱惑，守住廉洁，因为他们的信念已经发生了动摇，也不再甘于清贫自守，甘于埋头工作。只有那些耐得住寂寞的党员干部，才能永葆本色。那么，对于一名党员干部来说，怎样才算"耐得住寂寞"呢？

首先，我们要在政治上耐得住寂寞。有些党员干部为了自己的政治前途，选择与恶势力、腐败分子同流合污，很显然，这是耐不住寂寞的表现。党员干部想要在政治上耐得住寂寞，就要始终牢记自己的使命和立场，始终保持清醒，始终"出淤泥而不染"。

只有这样，才能在面临重大抉择时，做到立场坚定，不随波逐流。"疾风知劲草，烈火见真金"，那些能成为"劲草"和"真金"的党员干部，都是政治上耐得住寂寞的。

其次，我们要在工作上耐得住寂寞。在工作上耐得住寂寞是指"始终坚持为人民服务"，认真履行自己的职责，为人民群众办实事、办难事，不以权谋私，不滥用职权。但是，少数党员干部在工作上敷衍塞责，推卸责任，利用手中的职权刻意刁难群众，甚至公然索贿、收礼，这都是在工作上耐不住寂寞的表现。

身为党员干部，我们要保持初心和信念，拒绝当"墙头草"，在工作中做到让群众满意，让组织放心。

最后，党员干部要在生活上耐得住寂寞。在生活上耐得住寂寞是指保持勤劳节俭的生活作风，不贪图安逸享乐，不追求奢靡的生活方式，淡泊名利，做到两袖清风。对于党员干部来说，生活和工作不可一分为二，生活作风不良，势必会导致工作作风的不实。

在现实生活中，少数生活作风不良的党员干部做出了损害党和政府形象的事，在网络和媒体上造成了比较恶劣的影响，我们应该引以为戒，提高自己的道德修养，培养健康的生活方式，远离酒色财气。

清风传家，严以治家

面对灯红酒绿、纸醉金迷，能耐得住寂寞，是为人、处事、做官的一种境界。能否耐得住寂寞，反映了党员干部的社会责任感和道德水平；能够耐得住寂寞，是党员干部工作能力、执政水平的体现。凡是清廉的党员干部，都应该具备耐得住寂寞，面对灯红酒绿不动心，身处花花世界不迷失的能力。

想要做到耐得住寂寞，党员干部在平时的生活中，要多一点学习和修身养性，少一点奢靡享乐，将有限的时间和精力，投入自我提升和奋斗中。党员干部还要懂得知足常乐，不追求与自己收入水平不相符的生活，不出入灯红酒绿的场所，不和他人盲目攀比，控制住自己的物质欲望，过健康、文明、高尚的生活。

想做到耐得住寂寞，党员干部要在"八小时"之外下功夫。对业余时间的利用，可以体现出人与人之间的差异。有的人利用业余时间学习提升，使业务更加精进；有的人在业余生活中谨小慎微，保持清廉本色。另一些人则利用业余时间吃喝玩乐，不注意小节，让自己变成"温水里的青蛙"，进而逐步滑入贪腐的深渊中。

"梅花香自苦寒来，宝剑锋从磨砺出。"如果我们想要保持清醒，想要在诱惑和困境中砥砺前行，就要耐得住寂寞。只有耐得住寂寞，才能经得起考验，面对金钱和美色不动摇；只有耐得住寂寞，才能筑牢价值观，丰富精神世界；只有耐得住寂寞，才能摒弃私心杂念，沉下心去工作和学习。

"耐得住寂寞"是党员干部加强道德修养，完成历史使命的需要，也是建设清廉好家风的需要。只有党员干部耐得住寂寞，才能带头筑起防止家庭腐败的牢固防线，才能使家庭拥有清廉的底色。

3. 经得起诱惑，"勿以贪小而为之"

"勿以恶小而为之，勿以善小而不为"是刘备在遗诏中对儿子刘禅的教诲，它的原意是不要因为恶事小就去做，不要因为善事小就不做。这句话可以作为我们每个人为人处世的准则，也可以作为党员干部的行为准则。

从反腐倡廉的角度来看，"勿以恶小而为之"可以改成"勿以贪小而为之"。党员干部要经得起诱惑，不贪一丝一毫的不义之财，不利用职权谋取一点一滴私利。可是，有的党员干部思想认识不够，喜欢贪小便宜，认为这样才能体现自己的干部地位。这部分党员干部不敢大肆贪污腐败，只敢搞"小动作"，他们为群众办事时吃拿卡要，而且还心安理得地认为，自己为群众办了事，收点礼品，吃顿饭是应该的。

殊不知，小贪的危害虽然在短时间内不会显露出来，但聚沙成塔，积少成多，小贪终究会变逐渐变成大恶。千里之堤，溃于蚁穴，家庭廉洁的防线也会被小贪一点点腐蚀。党员干部应该牢记党的信念和宗旨，做到"勿以贪小而为之"。

与大贪相比，小贪更容易使人产生麻痹大意的思想。有一些党员干部平时喜欢接受一些小恩小惠，等到东窗事发时，才发现为时已晚。

某市原处级干部宋某因贪污受贿锒铛入狱，与那些动辄贪污数百万元、上千万元的大贪官相比，宋某的贪污金额可谓九牛一毛。他说："我每次只收一两千元，我不敢大贪，但又遏制不住内心的贪欲，总是想利用手中的权力为自己谋利。"

有一次，该区政府与某承包商签订合同时，承包商给在场的每个人发了1000元红包。宋某看到别人都拿了红包，于是自己也拿了。还有一次，某方案研讨会上，承建商给出席会议的每个人发了500元红包，宋某也来者不拒地笑纳了。每逢春节，宋某都会收到相关业务单位送上的红包和烟酒。

直到东窗事发，宋某才如梦初醒，明白自己收"小钱"的行为触犯了刑法，构成了受贿罪。就这样，宋某在不知不觉间，被自己的贪欲一步步送进了监狱的高墙之中。

☆ ☆ ☆ ☆ ☆

宋某在不断的小贪中变得麻木，他身在"腐"中不知"腐"，明知腐败却不能自拔。从宋某的身上，我们可以看到小贪的巨大危害。小贪可以让我们对贪污腐败习以为常，失去防腐拒变的警惕性，还会让权力逐渐失控。而且，小贪是一种循序渐进式的腐败，很容易让人在不知不觉中走上歧途。

因此，党员干部要做到"勿以贪小而为之"，要从以下三个方面坚决杜绝小贪。

第一，党员干部要意识到贪污腐败不分金额大小，贪一分钱和贪一万块的性质是一样的。在现实生活中，一条烟、一瓶酒、几包茶叶的小贪很容易被忽视。但是，这些看似微不足道的小贪却贻害无穷，会对家风、政风和社会风气造成严重的负面影响。

落马贪官中虽有"老虎"和"苍蝇"之别，但他们的本质其实是一样的。贪污腐败行为，不存在金额大小之分。面对贪腐，我们要旗帜鲜明地反对，并保持足够的警惕性。

第七章 自律自省，以身作则端正家风

第二，党员干部要克服占小便宜的心态。有的党员干部能够意识到贪腐的危害性，但却管不住自己的手，在他们看来，送到自己眼前的小恩小惠不拿白不拿。这种思想是非常危险的，如果不加以遏制，就会从小贪发展为大贪。

第三，党员干部要洁身自爱，不同流合污。很多小贪都是跟风、同流合污的产物。少数党员干部受不良外部环境影响，看到别人拿了，于是自己也跟着拿。这种行为也会助长贪欲的滋长，使小贪变成了大贪。

众所周知，商品经济中的等价交换原则已经深入人心，党员干部拿了别人的小恩小惠，就要为对方提供相应的"帮助"，就必定要做出以权谋私的行为。因此，党员干部一定要守住底线，绝不同流合污，不仅自身要做到"勿以贪小而为之"，还要管好家人，而且要让家人拒绝小恩小惠，守住清廉的底线。

小贪的背后折射了少数党员干部逐利、重利的心态。这种心态不仅会滋生贪腐，还会让党员干部在工作中变得十分功利。比如，有的党员干部在工作中不讲"为人民服务"，而是讲政绩，如果一件事不能凸显政绩，就不愿意去做。"合抱之木，生于毫末；九层之台，起于累土"任何事业都是从小处做起的，党员干部应该踏踏实实地做好每一件小事，不要好高骛远，不要心存侥幸。

无论是日常工作方面，还是恪守廉洁方面，党员干部都要从小处抓起，不放松一丝一毫。我们要摒弃私心贪欲，放下功利心，做一个清廉、纯粹的合格党员干部。

4. 吃人家的嘴软，不赴钱权交易之宴

吃，是人类最基本的生存需要，不过，随着社会的发展，"吃"这种行为被赋予了更多的意义。在现代社会，吃饭不仅可以解决生理问题，还可以解决人情问题、情感问题、利益问题，饭局的核心关键已经不在于"饭"而在于"局"。

一场饭局可以是发展人际关系，联络感情的社交场合，也可以是进行权钱交易的利益交换场合。根据组织者和参与者的不同，饭局可以粗略分为商场饭局、社会饭局和官场饭局。官场饭局可以理解为党员干部的工作餐，商场饭局则可以发挥交换信息，加强合作的作用，大多数社会饭局起到联络感情的作用。

不过，很多时候，我们难以界定饭局的类型。披着情感外衣的饭局中，有可能隐藏着交易和阴谋；看似普通的饭局，有可能是一场权钱交易之宴。而且，随着饭局的交易性越来越强，人们对饭局的认识也越来越庸俗化、扭曲化。一部分人将饭局看成"打通路子"的捷径，还有一部分人借饭局成就"好事"。

于是，人们组织饭局、参与饭局的目的也越来越"明确"，即结交了什么人，打通了什么门路，攀上了哪些关系。因此，有一部分党员干部为了达到自己的目的，沉湎于各种饭局，在推杯换盏中完成权钱交易，在觥筹交错中实现利益输送。饭局成了少数党员干部挣脱不掉的"局"。

第七章 自律自省,以身作则端正家风

俗话说"吃人嘴软",只要党员干部参与了带有交易性质的问题饭局,就难免会被裹挟进权钱交易的"风暴"中。

☆------☆------☆------☆

某乡镇干部许某喜欢参加饭局,饭局上的美酒、佳肴和阿谀奉承让他沉湎其中。许某不止一次在饭局中收受贿赂,为权钱交易牵线搭桥。许某从一名党员干部,变成了一名贪腐者和权力掮客。由于经常参加饭局,出入高消费场所,许某的贪欲越来越大,搞权钱交易的胆子也越来越大,"纸包不住火"的那一天也很快到来了。

从饭局常客到阶下囚,许某用了4年时间,这4年间,他共贪污受贿80多万元。许某的妻子也因为许某作风不正而与其离婚。沉迷于饭局的许某,不仅没有获得自己想要的,反而落得一场空。

☆------☆------☆------☆

许某之所以沉湎于各种饭局,一方面是因为他不够自律,另一方面是因为他存在侥幸心理,认为"吃喝不算腐败"。可是,在饭局上的吃吃喝喝中,许某逐渐陷入了权钱交易的陷阱中。

事实上,名目繁多的饭局已经成为权钱交易、利益输送的平台,成了社会的一大公害。透过表面看本质,我们会发现,有些人组织饭局的真实目的不外乎建立团伙、结党营私、拉帮结派利益交换和利益输送等。如果参与饭局,或被邀请参与饭局的人不提高警惕,不约束自己的言行,就很容易"犯错误"。

当然,并不是所有的饭局都不能参加,党员干部在收到饭局邀请后,要问三个问题,并根据这三个问题的答案来判断饭局是否有"问

题"。面对饭局邀请，我们要问的三个问题分别是谁买单？和谁吃？在哪吃？

第一个问题：谁买单。

我们要分清饭局的性质，并弄清楚买单的人是谁。私人宴请用公款买单是大忌，不仅买单者要受处罚，参与饭局的人也会受牵连。因此，我们要问清楚饭局谁买单，并根据《条例》和《准则》判断该饭局是否合法、合规。

第二个问题：和谁吃。

我们在接到私人聚会性质的饭局邀请时，要问清楚参与饭局的人是谁。如果参与饭局的是客人、朋友，饭局属于正常的接待和人情往来，则可以参加；如果参与饭局的是同乡、同学、战友，而且饭局是以同乡会、同学会、战友会等名义举办的，则应明确拒绝。

第三个问题：在哪吃。

党员干部不能出入私人会所，也不能在私人会所和其他高消费娱乐场所参与或安排饭局。因此，我们在收到饭局邀请时，要问清饭局的地点，如果饭局的地点违反了《条例》和《准则》的规定，则应明确拒绝。

面对饭局邀请，党员干部要切记"吃人嘴软"，要合情、合规地参加饭局，不赴权钱交易之宴，防止自己陷入贪腐的陷阱。

为了不落入饭局之"局"，党员干部要管理好"八小时"之外的生活，还要在家庭中开展廉洁教育，让家人明白什么样的饭局不能去，还要培养其勤俭节约的家风，杜绝家庭中的奢靡享乐之风。

经常赴饭局的党员干部，难免有"入局"之虞。为了从根源上预防饭局引发的腐败，我们要管住自己的嘴，在生活和工作中严格自律，不给别有用心的饭局组织者可乘之机。自律不仅需要意志力，更需要习惯的力量和敬畏的力量。

试想一下，当党员干部养成了健康的生活习惯，时刻谨记党纪国法高悬头顶，并想到了饭局中隐藏的陷阱，他们还敢赴权钱交易之宴吗？

5. 拿人家的手短，切忌"拿好处才办事"

"拿好处才办事"是自古以来的官场陋习，新时代的党员干部应该积极破除这一陋习，真心实意地为群众办事。

"拿好处才办事"中折射的是一种深刻的官本位思想，少数党员干部忘了自己的初心和实名，把自己当成"主人"，群众当成"仆人"，常以"父母官"自居。因此，他们没有服务群众的思想，总是居高临下地俯视群众，对群众的难处无动于衷，不但不积极地施以援手，还吃拿卡要，借机向群众要好处。这些党员干部不能秉公办事，而是凭关系、以权谋私，不给好处不办事。

某社区基层干部何某在发放救助资金时，向群众索贿，给了何某好处的人可以优先领取救助资金。而那些生活困难，真正需要救助的群众反而领不到救济金。迫于无奈，没能按时领到救济资金的群众向上级领导反映了情况，经纪委监察部门调查后，何某吃拿卡要，向群众索贿的劣迹被一一曝光，并受到了党纪和国法的惩处。

清风传家，严以治家

何某不拿好处不办事，无视群众的疾苦，只顾一己私利，他的行为触犯了党纪国法，并受到了应有的惩处。事实证明"拿人手短"，只要拿了不该拿的钱，就要付出应有的代价。如果说何某是"不给好处不办事"，那么下面案例中的林某则是"拿了好处不办事"。

☆------☆------☆------☆

某县不法商人李某乱砍滥伐被群众举报，并被公安机关依法起诉。该县纪委监委也从李某乱砍滥伐案中，"揪出"了"拿了好处不办事"的该县林业局原站长林某。林某的"不办事"并不是指他不给李某"帮忙"，不为李某"行方便"，而是指他收取李某的好处后，对李某的乱砍滥伐行为视而不见。

李某逢年过节都会给林某送上红包，平时也经常送各种名烟名酒。时间一长，林某便对李某的乱砍滥伐行为视而不见，并多次为其开绿灯。李某与林某狼狈为奸，导致国家森林资源遭受严重损失。林某因渎职、滥用职权，被纪委监委立案调查，并移送检察机关，接受了应有的惩处。

☆------☆------☆------☆

上面两个案例都表明了一个事实：拿人手短。一旦党员干部拿了不该拿的钱，办了不该办的事，就会受到党纪国法的惩处。要知道，世上没有不透风的墙，在某些党员干部伸手拿钱的那一刻，他们的结局就已经注定了。

如果说"拿好处才办事"，多少体现了一些公平，保护了"交易"双方的利益。那么"拿好处不办事"就是对群众彻底的践踏，对廉洁彻底的抛弃。"拿好处才办事"是权钱交易，不受任何法律的保护，而且"给好处"的一方要承担全部风险。因此，极少数党员干部做出了

第七章 自律自省，以身作则端正家风

"拿好处不办事"的恶劣行径。

甚至有的行贿者明知某干部"拿好处不办事"，但还是不得不"上供"，因为该干部拿了好处不一定办事，但没拿好处一定会找麻烦。行贿者抱着"花钱买平安"的心理向该干部行贿。而且，该干部的家人也借机从中谋利。试问这种"拿好处不办事"的行为和"收保护费"有什么区别呢？

如果"拿好处不办事"的党员干部越来越多，那么社会的腐败就会进一步升级，社会风气、家庭风气也会被败坏。为了遏制这种风气，我们要将其扼杀在源头，杜绝"拿好处才办事"的行为，防止腐败的升级。

党员干部应该严格自律，管住自己的手，时刻谨记"拿人手短"，不拿分毫不义之财，还要筑牢自己的思想防线，从根源上杜绝"拿好处"的行为。不仅如此，党员干部还要防止自己的家人参与到"拿好处才办事"的贪腐行为中，比如，有的党员干部对子女疏于管教，纵容子女顶着父母的名义在外索贿。为了避免这种情况的发生，党员干部要严格教育和管理家人，防止家人借机向他人索贿、要好处。

"吃人嘴软，拿人手短"，只要我们拿了别人的好处，就免不了对其礼让三分，即使对方有做得不对的地方，也不敢说、不敢管。这样一来，就很难秉公办事，保持廉洁了。为了做事、管人时更有底气，我们要做到严于律己，不该贪的不要贪，不该拿的不要拿。

在工作中，我们要认真履行自己的职责，真抓实干，多做好事和实事。在生活中，我们要管好自己的家人，建设清廉家风，不让贪腐有滋生的温床。道理讲得再多，也不如亲自俯下身去做，党员干部要将自律融入生活和工作的点滴中，培养好习惯，修炼好思想。

清风传家，严以治家

6. 一日三省，养成自检自查的好习惯

党员干部走上腐败之路，到底是谁之过？有人认为，有关部门监管不严，让少数党员干部有了可乘之机；有人认为，处罚力度不够大，让少数党员干部心存侥幸；还有人认为，利益的诱惑太大，让少数党员干部铤而走险。

的确，贪污腐败现象的成因是复杂的。但是，党员干部在寻找客观原因的同时，也应该检视自身，问问自己，是否做到了自省、自律，是否养成了自检、自查的好习惯。

有些党员干部之所以"犯错误"，就是因为他们习惯推卸责任，依赖组织，从不反思自己的所作所为。

　　某大型国有企业党委书记唐某在短短几年时间内，先后81次收受他人财物，贪污受贿金额达1000多万元。唐某在忏悔自己的罪行时说："如果纪委、检察院能加强监督力度，定期对党员干部进行廉政教育，我可能不会走上犯罪的道路，即使犯了错，也不会那样肆无忌惮，落得如今的结局。"

　　唐某的话既可悲又可笑，他作为一名身处高位的党员干部，不但缺乏廉洁自律的意识，不懂居安思危的道理，反而将自己的错误归咎于纪委和检察院的监督不力。他没有意识到，一切都是自作自受，也没有反省自己的错误。

"冰冻三尺，非一日之寒"，两年多的贪腐历程中，唐某有无数次悬崖勒马的机会，但是他一次都没有回头，仍然选择了贪腐。在每一次接受不义之财时，唐某难道不知道自己在犯罪吗？答案当然是否定的。那么，为什么唐某不能悬崖勒马呢？因为他控制不住内心的贪欲，在贪欲的驱使下，即使纪委、检察院监督得再严格，他也会想尽办法钻空子，继续贪污、受贿。

☆─────☆─────☆─────☆─────☆

唐某的结局是他自己一手造成的，他没有做到自律，也没有反省自己的错误。作为一名党员干部，他忘记了自己的原则和底线。在党员干部队伍中，贪腐的是极少数，绝大部分党员干部都能坚持廉洁，做到两袖清风。可见，保持廉洁的关键是自律、是"三省吾身"，而不是纪委、检察院的监督。

《论语·学而》中有一句话："吾日三省吾身"，它出自孔子的弟子曾子之口，意思是我们要每天多反省自己，检视自己，以发现自身的缺点，弥补自身的短板。"吾日三省吾身"是一种十分可贵的廉洁自律精神，每一位党员都应该具备这种精神，及时检查自己是否做到了廉洁奉公。党员干部"三省吾身"时应该从三个方面入手。

一省思想是否廉洁、忠诚。"廉者，政之本也""天下之德，莫过于忠"，保持廉洁、忠诚的思想是党员干部的基本要求和底线。党员干部要经常"以人为镜""以己为镜"，总结、反省自己的不足之处。

"以人为镜"可以明得失，我们可以将一些优秀的廉洁模范作为榜样，并通过分析自身与优秀榜样之间的差距。我们还要"以己为镜"，纵向地分析和比较自身的进步、优势和短板，找到自己进步的空间。而且，党员干部要加强自律意识和自律能力，做到慎独、慎微，并严格要求自己，做到严以修身、严以用权、严以律己。

二省是否履行了自己的职责。"为官一任，造福一方""大事、难事看担当"等是党员干部对职责的应有态度。党员干部不仅要有强烈的责任感，还要敢于负责，敢于将责任扛在肩头。能够认真履行职责的党员干部，在困难面前无所畏惧，在危机面前挺身而出，面对日常工作也能做到兢兢业业。

三省廉洁作风是否过硬。党员干部要每天检视、反省自己的廉洁作风是否过硬，是否做到了两袖清风。党员干部可以从生活和工作两个方面来反省和检视自己的行为，比如，在生活中是否做到了勤俭、不奢靡享乐，不出入不法场所，不参加违规宴请，不收礼等；在工作中是否做到了为群众办实事，是否做到了不欺上瞒下，不以权谋私，不滥用职权等。

总而言之，党员干部要时常反省自己的行为表现和思想表现，并养成自检自查的好习惯。定时自检自查，可以让我们发现并纠正自己的错误，提升自己的不足之处。

不过，习惯的养成并非一日之功，需要长期的坚持。如果我们能坚持下去，养成每日自省，定期自检自查的习惯，廉洁自律的作风就会自然而然地形成。

7. 纠正不良行为，做好家庭清廉表率

如果党员干部想要建设清廉家风，就要从自身做起，做好家庭的清廉表率。

第七章 自律自省，以身作则端正家风

在日常生活中，党员干部应该自觉管住嘴，不该吃的饭不吃；自觉管住手，不该拿的不拿；自觉管住腿，不该去的地方不去；自觉管住朋友圈，多交良师益友，远离酒肉朋友。只要党员干部能做到以上"四管"，就能将贪腐挡在家门以外。

除了管住自己，党员干部还要及时发现并纠正自己的一些不良行为，严格遵守各项纪律和法规，不打擦边球。归纳起来，党员干部身上最典型的不良行为包括以下六类。

第一类典型不良行为是拉帮结派，搞"小圈子"。少数党员干部违反组织纪律，参与过组织自发成立的老乡会、校友会、同学会等，并借着这些组织拉帮结派，搞"小圈子"。这种不良行为带来的影响十分恶劣，因为自发组织的老乡会等组织极有可能成为权钱交易、利益输送的温床，党员干部身在其中，不仅容易受到不良影响，而且很容易被牵连。

第二类不良行为是纵容子女亲属违规经商、敛财。少数党员干部利用职权为身边的亲友、家属谋利，纵容他们违规经商，敛财。比如，有的党员干部纵容子女开公司，并利用职权为子女的公司"开绿灯"；还有的党员干部任由亲属对婚丧嫁娶等事宜大操大办，并借机敛财。这种不良行为会让家庭的廉洁防线被破坏，导致整个家庭陷入腐败的旋涡。

第三类不良行为是不秉公办事，工作作风不实。少数党员干部处理群众事务时，态度恶劣，漠视群众诉求，借机吃拿卡要，他们在群众心目中的形象是门难进，脸难看，话难说，事难办。这类党员干部通常不能秉公办事，而且工作作风不实，他们不能深入基层和群众，喜欢弄虚作假，热衷于做表面文章，对上级的决议、工作要求和群众的呼声都只管传达，从不落实。这类不良行为会严重影响政府形象和党员干部的个人形象。

第四类不良行为是只讲人情，不讲原则。少数党员干部喜欢做不得罪人、左右逢源的"老好人"，因此，他们不讲原则，只讲人情，不敢与贪腐现象做斗争，遇到问题或看到某些不良现象时选择"绕道走"，习惯于"睁一只眼，闭一只眼"。这类不良行为会让党员干部一步步突破自己的原则和底线，导致廉洁失守。

第五类不良行为是贪图享受，奢侈浪费。少数党员干部喜欢参与各类饭局，喜欢大吃大喝，追求奢靡享乐。这类党员干部为了追求享乐，做出超标准接待，滥发津贴、奖金，违规出入高消费娱乐场所和私人会所，甚至向他人索贿的行为。如果党员干部贪图享受，沉湎于奢靡享乐，是很容易腐化堕落的。

第六类不良行为是生活作风不好，违反公序良俗。少数党员干部利用职权关系和从属关系进行权色交易，与他人保持不正当关系，在生活上不检点。这类不良行为不仅违反纪律，也违反道德。

上面的六类不良行为，是少数党员干部身上存在的典型问题，暴露了他们思想上的落后和行为上的不自律。党员干部应该对照自身，检视自己在工作和生活中是否有类似的不良行为，有则改之，无则加勉。只有党员干部以身作则，抵制歪风邪气，家庭中才能形成清廉家风。

如果党员干部想要纠正不良习惯，战胜自己，就要不断强化自律意识，坚持修炼自己的德行，与自身的贪欲、私心和惰性做斗争。

首先，我们要加强学习，提升自身涵养。俗话说"玩古训以警心，悟至理以明志"，我们要从优秀的传统文化、传统家风中汲取营养，提升思想境界，打好道德根基。良好的道德修养可以让我们自觉抵制不良行为，从根源上杜绝不良行为的产生。

其次，我们要坚持对照《准则》《条例》以及党章进行反躬自省，自我批评，并"择其善者而从之，其不善者而改之"。纠正不良行为是一项长期斗争,我们要做好打"持久战"的准备。

最后,自觉地把党纪国法当成心中的"一把尺",坚持"一把尺子量到底",杜绝任何违规、违纪、违法行为。只有在平时的工作和生活中恪守法纪,让自己"言有所戒,行有所止",才能真正地远离不良行为。建设清廉家庭需要每个人的努力,但党员干部的表率作用是核心关键。只有党员干部纠正了自己的不良行为,成为家庭中的廉洁典范,家庭中的其他成员就会在耳濡目染中养成清正廉洁的作风。

第八章

细定家规，严加约束杜绝家庭腐败行为

国有国法，家有家规。党员干部要杜绝家庭中的腐败行为，就要制定家规，规范配偶、儿女、父母、手足等亲属的行为。比如，配偶不得"办事"收钱，儿女不能以长辈名义谋利，父母不可仗儿女之名谋利，手足和亲朋不可"沾光"，亲属不可违规经商等。

第八章 细定家规,严加约束杜绝家庭腐败行为

1. 守廉洁要有规矩,无规矩不成方圆

俗话说:"没有规矩,不成方圆。"草木荣枯,四季嬗变,生物繁衍进化,都要遵循大自然的规则,人类社会的运转也离不开规则。世界上的有些规则是无形的,有些规则是有形的、具体的。有形的规则包括法律法规、纪律、守则、共识、约定、协议、合同等,它们就是我们常说的规矩。

规矩约束了我们的行为,同时也保护着我们。试想一下,如果一个人的行为不受任何规矩的约束,他的结局会如何呢?有了规矩,我们的言行才有了"边界",在"边界"的约束下,我们才不会因冲动或疏忽做出害人害己的事。

比如,一家工厂制定了严格的安全生产手册,手册中详细规定了各项操作流程和注意事项,也列出了禁忌事项。只要工人们严格按照手册操作,就不会出现安全生产事故。如果有的工人不守规矩,不按手册规定操作,就很容易发生安全生产事故,造成不可挽回的损失。

在社会生活中,守规矩是对自己负责,也是对别人负责,这个道理是放之四海皆准的。

对党员干部来说,规矩是每个党员干部都应该遵守的行为准则,它们约束着党员干部的一言一行,同时也维持着党和政府工作的正常运转,没有规矩,一切都无从谈起。

对于党员干部个人而言,规矩也是自我保护的"武器",只要严守

清风传家，严以治家

规矩，就能问心无愧，就能坦然接受人民群众的检验。回顾历史，正因为有了规矩的约束和指引，我们才能取得各项斗争的胜利，才能克服各种艰难险阻，才能取得现在的辉煌成就。

从历史的经验和教训中看，守规矩是对党员干部的刚性要求，规矩可以为党员干部办事、做人、从政提供指导，也可以帮助党员干部恪守廉洁。党员干部不仅自身要守规矩，还要督促家人守规矩，因为家庭是守护廉洁的重要防线，如果不守规矩，就会让防线变得松散，充满漏洞。

但是，令人遗憾的是，仍然有少数党员干部及其家属因为法治意识淡薄，将私利看得太重，而在利益的诱惑下抛弃规矩和原则，做出有损家庭廉洁，有损国家和群众利益的事。"家庭式腐败""腐败父子""腐败夫妻"等都是党员干部及其家属不守廉洁规矩造成的悲剧。

对于党员干部来说，规矩就是党章、党纪、国法、《准则》和《条例》等。党员干部要认真学好这些规矩，将这些内化于心，外化于行。党员干部还要根据这些规矩的要求，管好自己的家属，防止他们触碰廉洁底线。

对于党员干部家属来说，规矩是国法，是针对党员干部家属的各项廉洁纪律，也是家庭中的廉洁家规。党员干部家属要遵守规矩，守好家庭的廉洁防线，不在廉洁方面"拖后腿"。

为了让自己和家人更好地遵守了解规矩，党员干部不仅要严格遵守各项法律法规，还要细定家规，用家规严格约束家人，杜绝家庭的腐败行为。

对党员干部来说，家庭中的廉洁家规应该起到约束作用和指引方向的作用。

一方面，我们制定的家规应该从各方面约束家人的言行，告诉他们应该怎样做。比如，"不铺张浪费，不追求奢靡享乐""勤奋好学，踏实做事""尊老敬贤，扶危救困""处世以谦让为贵，做人以诚信为本""君子爱财，取之有道"等家规家训明确地告诉了家庭成员什么事该做，什么事不该做。

另一方面，我们制定的家规要起到激励、启发的作用，要为家庭成员指明方向。比如，"干本分活，行公道事，做正直人""堂堂正正做人，踏踏实实做事""勤为本，德为先，和为贵""贵莫贵于清廉"等家规家训则阐明了做人、做事原则，为家庭成员指明了方向。

我们在制定廉洁家规时，除了考虑上述这两个方面的因素，还要考虑自身实际情况。只有这样，才能制定出合理的家规。制定了家规以后，我们不能将其束之高阁，而是要在日常生活中践行它，只有这样，家规才能发挥应有的作用。除此以外，我们还要重视家规的传承，要让家中的后辈学习家规，牢记家规，将家规代代传承下去。

共同制定和遵守廉洁家规，是党员干部及其家属应尽的义务。只有当家庭中拥有了廉洁家规，家庭成员在遇到廉洁相关的问题时，才能依"规"做事，避免犯错。更重要的是，家规承担着教化的作用，它会以"润物细无声"的方式将廉洁融入家庭的"基因"中。

守廉洁要有规矩，廉洁家庭离不开廉洁家规。党员干部不仅要管好自己，严守法纪，还要管好家人，制定廉洁家规。

2. 配偶有廉责，严禁背后"办事"收钱

近年来，党员干部家属腐败案件频发，造成的影响十分恶劣。而且，在党员干部家属腐败案件中，不少党员干部配偶的身影活跃其中，他们为贪污腐败大开"后门"，在背后"办事"收钱。

清风传家，严以治家

有的"贪内助"热衷于耍"干部家属"的威风，喜欢享受他人的阿谀奉承、溜须拍马；有的"贪内助"则喜欢演"二人转"，让配偶在前台表演"清廉"，自己在后台受贿，把家庭变成"权钱交易所"；还有的"贪内助"热衷于干政，插手公共建设，卖官鬻爵，享受"权力"带来的虚荣，同时他们也是权力寻租的"中介"。无论哪一种"贪内助"，都是助长腐败的"催化剂"，他们的所作所为提醒我们：家风不正，家规不严，则廉洁不保，贪腐之祸不远。

某省政协原副主席戴某的腐败与他的妻子苏某密不可分。苏某在当地很有名，多次帮人"办事"。她利用丈夫手中的权力，在房产开发、工程项目、土地出让等领域进行权钱交易和利益输送。苏某的肆无忌惮，戴某的纵容默许让他们的家庭变成了"权钱交易所"，致使"全家老小共同参与腐败"。

苏某不仅没有成为丈夫的"廉内助"，反而成了贪得无厌的"贪内助"。苏某和戴某两夫妻，一个在前面"办事"，一个在后面收钱。两人敛财时的疯狂，令人咋舌，就连行贿人都说："他们夫妻俩的胃口太大了。"

无独有偶，某市卫计局原副局长陆某的妻子也是一位"贪内助"。5年时间里，陆某利用职务之便，先后非法收受贿赂100多万元，滥用职权直接导致国家经济损失2000多万元。其间，陆某的妻子不仅没有加以劝阻，反而推波助澜，她不仅对丈夫收到的每一笔贿赂都知情，而且鼓励怂恿丈夫多贪、多拿、多占。在她的"加油助威"下，陆某在腐败的道路上越走越远，最终身陷囹圄。

第八章 细定家规，严加约束杜绝家庭腐败行为

通过上面的两个案例，我们不难看出，"贪内助"是党员干部走向腐败的"助推器"。这些"贪内助"要么吹"枕边风"，要么当"马前卒"，用歪理、激将、软磨硬泡等方式将自己的配偶"拉下水"。

家风败坏往往是党员干部走向腐败，严重违纪违法的重要原因。每一位党员干部，都要重视家风建设，制定廉洁家规，在管好自己的同时，也管好配偶和子女。党员干部的配偶也要严于律己，不做"贪内助"，而要做"贤内助"，为家风建设贡献自己的力量。

客观地说，党员干部贪腐的根源在自身，"贪内助"只是起到了推波助澜的作用。不过，古语有云"家有贤妻，则士能安贫守正"，如果党员干部的配偶能在家中常吹"清廉风"，那么，即使党员干部偶尔起了贪念，也能及时"悬崖勒马""迷途知返"。如果家有"贪内助"，党员干部的家庭廉洁底线就会被突破，党员干部也会深陷腐败的旋涡。

在培育好家风，制定严格家规方面，老一辈革命家的夫人们做出了表率。陈云的夫人和陈云在一个单位工作，但她从来没有搭过一次便车。有人问她为什么，她告诉对方这是他们家的家风和家规。原来，陈云要求家人不以干部家属自居，要把自己当成普通的劳动者，不搞特殊化。

陈云的好家风和好家规，让他的家庭成了廉洁典范，他的妻子也认真践行家风、家规，成了他的"廉内助"。如果党员干部身边有一位不骄不奢、严于律己的"廉内助"，那么他们的廉洁之路将走得更远、更稳。

面对不义之财，"贪内助"受贿、索贿，疯狂敛财；"廉内助"晓以大义，坚决拒贿。在家庭中，"贪内助"吹的是"贪腐风"，"廉内助"吹的是"廉正风"。

都是党员干部的配偶，"贪内助"和"廉内助"的做法截然不同。

"贪内助"虽然暂时获得了财富，享受了奢靡的生活，但他们最终会为此付出代价。相比之下，"廉内助"在物质上更清贫，住的房子没有别人的大，开的车子没有别人的好，但他们却能活在阳光下，拥有幸福和谐的家庭。

家有贤内助，如同国有良相。党员干部应当将自己身边的配偶培养成"廉内助"和贤内助，并与自己的配偶共同建设清廉家庭。"廉内助"不仅能在家庭建设、孩子教育上帮助党员干部，还可以在事业上成为党员干部的助力。

3. 儿女无特权，不准以长辈名义为己谋利

我们都知道，"封妻荫子"的思想是封建糟粕，既不符合社会现实，也不符合时代精神，应该被完全摒弃。可是，少部分党员干部仍然抱着这样的封建思想，纵容子女行使"特权"，甚至恃势凌人、作威作福。

党员干部手中的权力是党和人民群众赋予的公权，不能用来谋私利，党员干部的子女就更不可能拥有特权了。少数党员干部子女之所以能够以长辈的名义为自己谋利，不过是"狐假虎威"罢了。少数党员干部子女的"狐假虎威"反映了其父母长辈的失职，也反映了少数党员干部家风不正、家规不严的问题。

我们反复强调，家教、家风建设是家事，也是国事，关系到个人的廉洁，以及国家和社会的和谐稳定。党员干部要从严治家，制定家规，

第八章 细定家规，严加约束杜绝家庭腐败行为

严格管教自己的子女，不让子女"狐假虎威"，借助自己手中的权力胡作非为。

在约束子女，不让子女有"特权"方面，老一辈革命家、开国大将黄克诚为我们做出了表率。

☆ ☆ ☆ ☆ ☆

黄克诚40多岁才有孩子，他的舐犊之情比一般的父亲更甚。但"爱之深，责之切"，他丝毫没有放松对孩子们的要求。为了督促孩子们成才，黄克诚立下了许多家规。比如，"你们要学革命，不要学世故，千万不可不学革命，却把世故学会了。""你们要靠自己的努力奋斗成才，不要靠我的什么'关系''后门'，我黄克诚是没有什么'后门'可走的。"

黄克诚从来不让子女享受"特权"，也教育子女不要以自己的名义谋利。从他对小汽车的态度，我们就可以看出他教育子女的严格。他对孩子们说："小汽车是国家配给我办公用的，不能私用。"多年来，他始终坚持让孩子们遵守这条家规。

黄克诚的小女儿黄梅幼时多病，常常坐三轮车去看病。有一次，黄梅发烧了，外面还下着大雨，在这种情况下，黄克诚也没有用小汽车送女儿去看病，仍然让她坐着三轮车去看病。黄克诚的小儿子黄诚结婚时，社会上盛行用小轿车迎亲的风气。为了让黄诚办好婚礼，黄克诚身边的工作人员劝他破例一次，让黄诚用他的专车去迎亲。黄克诚断然拒绝，他说："这个戒不能开，年纪轻轻的，坐公共汽车，骑自行车都可以来嘛，为什么要开着小汽车抖威风？"于是，黄诚骑着自行车把新娘迎接回来，而且，他的婚礼也没有大操大办，既没有请

清风传家，严以治家

客，也没有收礼，只和家人及工作人员一起吃了一顿饭。

有一年冬天，黄克诚的小孙子黄健早上起床晚了，当时不满7岁的小黄健十分要强，打算不吃早饭就去上学。那天恰好下着大雪，黄克诚的司机不忍孩子挨着饿，冒着雪去上学，便主动要求开车送孩子去上学。黄克诚连忙制止了司机，并对他说："现在你去送他一次，他就会想下一次，应该让他从小养成一个好的习惯，不去依赖别人，更不能让后代人破了我们的家规。"小黄健听了爷爷的话，既没有撒娇，也没有埋怨，依然和往常一样顶着风雪徒步上学去了。

在黄克诚夫妇的教育下，他们的四个子女从不以父母的名义谋利，而是凭借自己的努力，考上了重点大学，并在工作岗位上做出了成绩。

☆----------☆----------☆----------☆----------☆

黄克诚反复告诫子女要靠自己奋斗，不能搞特权，他始终强调汽车是国家配给自己办公用的，不能公器私用。在子女生病、结婚等重要时刻，他也没有破例。正因为如此，黄克诚定下的家规深受子女的认同，并得以传承。由于从小就受到父亲的教诲，黄克诚的子女丝毫没有"特权"意识，他们也从未以父亲的名义谋利，而是自己奋斗成才。

黄克诚的事迹给了我们三个重要启示。

第一，党员干部要在家庭中强化廉洁思想，防止子女借权谋利。党员干部要以身作则，廉洁从政，还要不断教育子女"权力是人民赋予的，要为人民用好权"，并告诫子女不得以权谋利，更不能以自己的名义谋利。一旦发现子女有"狐假虎威"或以权谋利的苗头，就要坚决制止，防止子女陷入贪腐的旋涡。

第二，党员干部要从严治家，防止子女借权违法。少数党员干部子女以"干部子女"自居,认为自己拥有"特权",而且崇拜权力,认为自己可以凭借父母手中的权力为所欲为。有的党员干部子女甚至公然违反法律,践踏法律的尊严。为了防止子女借权违法,党员干部要严格教育子女,强化他们的法治意识,并帮助子女建立正确的价值观。

第三,党员干部要培育家风,防止子女借权欺人。少数党员干部的子女自觉高人一等,不将他人放在眼里,在公共场合动手打人,仗势欺人,违背社会的公序良俗,在社会上造成了极坏的影响。为了防止这种情况的发生,党员干部应该加强对子女的德育教育,及时纠正他们的偏差行为,要求子女提高自身的道德修养。

比起用手中的权力为孩子"开路",父母更应该教会孩子自强自立,并让他们学会依靠自己的力量奋斗成才。

4. 父母要助廉,以子为荣绝不可仗子之名

孝敬父母是中华传统美德,自古以来就有"百善孝为先"的说法。很多人在功成名就之后,做的第一件事就是孝敬父母,给父母提供更好的生活条件,赠送父母财物。子女对父母的孝敬当然是无可厚非的,可是,假如子女用于孝敬父母的钱财是贪污所得,这份孝心是否依然纯粹呢?

贪官收受贿赂以后,要么大肆挥霍,要么为子女投资,要么把钱藏起来,而有的贪官却将自己的受贿所得的钱财交给父母。这种情况虽不多见,但并不是没有。可是,受贿所得的钱财属于赃款,用它来孝敬父

清风传家，严以治家

母，不仅玷污了亲情，也辜负了父母的养育和教导。如果这些贪官的父母明白事理，深知廉洁的重要性，就会在收到钱的第一时间刨根问底，弄清钱的来源，并及时劝阻子女悬崖勒马。

可是，有的父母廉洁意识不强，法治观念淡薄，面对子女的贪腐行为，不仅不加以制止，反而鼓励怂恿。

☆--------☆--------☆--------☆--------☆

某市中级人民法院执行局原局长何某，分两次贪污执行款50余万元。他拿到钱后送给父母10万元，并给父母报了豪华旅行团，供父母在国内旅游。何某的父母收到钱后，虽然有些诧异，但并没有多问，而是欣然笑纳了。

何某东窗事发后，其父母非常后悔，认为自己当初不该拿儿子给的钱，应该及时劝阻儿子。可是，世上没有后悔药，身为党员干部的父母，何某的双亲不仅不以贪腐为耻，反而笑纳了儿子孝敬的赃款，可见何某的家庭中并没有涵养出廉洁的家风。

☆--------☆--------☆--------☆--------☆

党员干部的父母应该具备一定的防腐意识，应当保持警惕性，当子女拿出一笔数额较大的钱时，应该多问一句为什么，不能不问青红皂白，更不能来者不拒。党员干部的父母应该带头抵制贪腐，引导子女恪守廉洁。在党员干部家庭中，父母应该是守住家庭廉洁的第一道防线，不仅要监督子女保持廉洁，还要自觉遵守廉洁规定，不给子女的工作"抹黑"，不拖子女的"后腿"。

党员干部的父母应该以子女的工作为荣，但不可以仗着子女的名义为自己谋利。党员干部的父母要做到不慕名利，不谋私利，在平时的生活中要把握三个关键点。第一，不接受可能会影响子女执行公务的礼品、礼金；第二，婚丧嫁娶等活动不大操大办；第三，养成勤俭节约、健康文明的生活方式，远离不良嗜好。只要能做到以上三点，党员干部的父母就不会给不怀好意的"围猎者"留下可乘之机。

党员干部的父母应该在家庭中扮演助廉者的角色。为此，党员干部一方面要接受父母的监督，另一方面要在家庭积极开展廉洁教育，让父母加强学习，提高思想境界。少数党员干部的父母之所以陷入贪腐的旋涡，就是因为思想上认识不足，他们认为子女当了干部，就要为自己提供"方便"，就要让自己享受"特权"，甚至以子女的名义在外敛财。

面对给自己"拖后腿"的父母，党员干部也不能纵容、默许，更不能一味迁就，而是要加以制止，并给父母讲明利害关系，告诉父母违纪违法的严重后果。除此以外，党员干部要和父母一起学习《准则》和《条例》，让父母明白自己的不当行为会导致子女受处罚，影响子女的前途。

如果父母真心爱自己的孩子，就不会置子女的前途于不顾。只要党员干部动之以情，晓之以理，就一定能说服父母，让他们成为家庭廉洁防线中坚不可摧的一部分。

5. 手足不可"搭车"，亲朋不许"沾光"

"一人得道，鸡犬升天"是中国古代官场中的糟粕，然而，这种现象在少数党员干部身上依然存在。比如，某些党员干部利用手中的权力

清风传家，严以治家

为子女安排工作，为亲朋好友大开"方便之门"，"创造条件"让家属享受优惠政策等，这些现象都属于家庭腐败。

✦ ---------- ✧ ---------- ✦ ---------- ✧ ---------- ✦

某乡财政所原所长高某，伙同在该所担任副所长的弟弟，通过一系列违规操作，先后安排妻子和4个儿女，以及妹妹、妹夫、弟媳等12人"吃空饷"。这12个人中，只有4个人偶尔出现在单位，其他的人一天班都没有上过。

纪委监察部门接到群众举报后，对高氏兄弟展开了调查，发现他们弄虚作假，为亲友办理虚假的工资手续，让原本不符合条件的人吃上了"财政饭"。最离谱的是，高某的妻子出生于1960年，其伪造的参加工作时间为1961年，在高某的运作下，其妻子1岁就参加了工作。高某的大女儿、二女儿、二儿子还在上初中，大儿子大学尚未毕业，就已经拿了好几年工资。

更令人瞠目结舌的是，高某通过县财政局给该乡畜牧站多拨了2万多元经费，随后，高某找到畜牧站站长并告诉他，多拨的钱是妹妹和妹夫（均为农民，没有退休金）的退休金，然后直接取走1.8万元。后来他又为自己的弟妹办理了财政工资，并安排在县畜牧局当会计的表妹直接在该乡畜牧站的工资预算名单上加上了自己弟妹的名字。

✦ ---------- ✧ ---------- ✦ ---------- ✧ ---------- ✦

高氏兄弟之所以如此肆无忌惮，一方面是因为他们被权力蒙蔽了双眼，在一次次违纪和贪腐中越发膨胀，另一方面是因为高氏兄弟的家风不正，家中的亲友都等着"搭车"和"沾光"，高氏兄弟为了满足亲友

第八章 细定家规，严加约束杜绝家庭腐败行为

的不正当要求，才一次次滥用职权。

和高氏兄弟一样的少数党员干部，认为自己当了官，手中有了权力，就开始"培养"身边的人，想让自己的亲友跟着"得势"。他们本着"有权不用过期作废""培养自己人，壮大自己势力"的心理，把手中权力当作寻租的工具，背离了从政的初心，将"坚持全心全意为人民服务"抛在了脑后。最终，他们在拉帮结派、提携亲友中迷失了自己，在违法违纪的道路上越走越远。

这些党员干部之所以热衷于让亲朋好友"搭车""沾光"，是因为他们的思想出了问题。一方面，他们满足于有求于他们的亲朋好友的吹捧和奉承；另一方面，他们将个人利益和家族利益放在人民群众的利益和国家利益之上。于是，他们为自己的亲友大开"方便之门"，并与他们形成了贪腐共同体。

为了杜绝亲友"搭车""沾光"，党员干部要摒弃"一人得道，鸡犬升天"的封建糟粕思想，还要正确认识自己手中的权力，坚定自身的信仰，提高对腐败的免疫力。总而言之，党员干部要从思想根源上杜绝"搭车""沾光"的腐败行为。

另外，党员干部要教育和约束自己的亲朋好友，强化他们的廉洁意识，让他们认识到"搭车""沾光"是以权谋私，是一种贪腐行为。面对亲朋好友提出的不合理要求，党员干部应坚决地拒绝，老一辈革命家杨善洲面对想"沾光"的亲友时，就做到了"关紧'后门'，不批一张违背原则的条子"。

有一次，杨善洲的一位亲戚找到他，请求杨善洲将自己的妻子和孩子从乡下调到城里。这位亲戚说："大哥，你现在说话办事这么管用，你就帮我这个忙，我只求你这一次。"杨善

清风传家，严以治家

洲委婉地拒绝了这位亲戚，并对他说："我手中的权力是党和人民赋予我的，我只能用它来办公事。"

后来，杨善洲始终把"后门"关得紧紧的，也没有批过一张违背原则的条子，没有打过一个开"后门"的电话。不仅对亲戚如此，杨善洲对自己的儿女也是如此，他多次谢绝组织的好意，没有将家人的户口转为城镇户口，他的大女儿在家务农，二女儿是小学老师，三女儿在烟草公司工作。

☆--------☆--------☆--------☆--------☆

杨善洲不仅拒绝亲戚"沾光"，就连他的女儿也没有因为他而"沾光"，他的做法不仅令人敬佩，而且让那些找他帮忙或想"沾光"的人心服口服。

党员干部应该像杨善洲一样，将拒绝"沾光""搭车"坚持到底。而且要将这一原则写进自己的家规，并严格遵守自己立下的规矩。久而久之，那些想要"沾光""搭车"的亲朋好友，就不会再上门了。党员干部手中掌握着权力，身边难免有想"沾光"的亲友，但是，只要我们立下家规，坚持原则，就能守住自己的廉洁底线。

6. 亲属经商，莫在"庇护伞"下谋钱财

"近水楼台先得月""朝中有人好办事"被不少人奉为圭臬。少数党员干部的亲属正是抱着这样的思想，走上了违规经商之路。事实上，党员干部亲属违规经商，就是在"保护伞"下谋利，这是一种"钻空

第八章 细定家规，严加约束杜绝家庭腐败行为

子"的腐败行为。

党中央国务院明确禁止党员干部经商，于是，有的党员干部便"另辟蹊径"，由自己的亲属或朋友出面办企业经商，而党员干部则利用手中的权力为他们提供各种便利条件。从本质上来说，党员干部纵容亲属违规经商，就是以权谋私。

俗话说"甘蔗没有两头甜"，党员干部既然选择了从政，就不应该再想着经商发财。事实上，早在1985年，中央就已经颁布了《关于禁止领导干部的子女、配偶经商的决定》，对党员干部亲属经商做出了明确的限制。后来的20多年间，中央先后出台了20多项规范党员干部配偶、子女从业行为的制度。

虽然有制度的严格约束，但仍然有少数党员干部的亲属违规经商。他们使用的手段更为隐蔽，比如，党员干部A的亲属在党员干部B的管辖地区经商，党员干部B在党员干部A的管辖地区经商，两者交换，互相"关照"。

党员干部亲属经商比一般的贪污受贿更有隐蔽性，查处难度也更大。因此，党和政府对党员干部亲属经商的规定越来越严格。禁止党员干部违规经商，是防止党员干部腐败的"防火墙"。

曾有党员干部为自己亲属开脱："党员干部的亲戚也要谋生啊。"事实上，党员干部亲属经商就是"钻空子"，间接利用党员干部手中的权力谋私利，并借机敛财，并不是有些党员干部口中所说的"谋生"。

一部分从商的党员干部亲属自以为有人"撑腰"，在商场上肆无忌惮，胡作非为，严重搅乱商业市场环境。更有甚者，党员干部接到其亲属的"投诉"后，不问青红皂白，直接帮助其亲属打压商场上的竞争对手，导致商业市场环境更加恶劣。事实上，党员干部违规经商会引发诸多问题，不仅不会保持商业市场环境的公平、公正，还会形成利益输

送、以权谋私的链条。党员干部和从商的亲属之间容易形成利益共同体，使贪腐更为"便利"。

事实上，中国自古以来就有"食禄者不得与民争利"的优秀传统，西汉董仲舒也明确主张"受禄之家，食禄而已，不与民争业"。党员干部要遵守党纪国法，继承优秀的传统文化，严格约束亲属经商行为。

党员干部要定下家规，与家人"约法三章"，要求他们不得经商，只要不在"河边走"，就不容易"湿鞋"。管理亲属经商行为时，党员干部要以"打预防针"为主，要通过教育强化家庭中的廉洁思想，要多灌输"党员干部亲属不得经商"的思想，还要培育廉洁家风，以增强亲属反腐败的自觉性。

如果遇到亲属已经开始经商的情况，党员干部应该对其进行劝阻，要求其停止经商行为，并拒绝为其提供"帮助"。

党员干部及亲属不应该成为权力和利益的附庸，而是要在各自的社会角色和工作岗位上发光发热，为社会创造更多价值。亲情也不应该以利益为纽带，以权力为倚仗，党员干部与亲属之间应该是血浓于水的亲情，而不是赤裸裸的利益。

第九章

嘉言懿行,垂教后辈坚守廉洁底线

言传大于身教,父母长辈的一言一行,是孩子最好的"教材"。为了让儿孙后辈传承廉洁家风,坚守廉洁底线,党员干部要以身作则,用自己的嘉言懿行影响儿孙后辈,强化家庭中的廉洁教育。党员干部要引导儿孙后辈树立正确的人生观和价值观,引导他们亲近良师益友,远离损友,还要严格管教儿孙后辈,不包庇、不纵容他们的贪贿行为。

清风传家，严以治家

1. 强化家庭教育，深化廉洁意识

廉洁家风的建设离不开严格的家庭教育，我们应该强化家庭教育，让廉洁意识深入家人心中。我们还要特别注重对儿孙后辈的廉洁教育，要通过言传身教，教育他们坚守廉洁底线，与家人共同承担建设清廉家风的重担。

强化家庭教育要从党员干部自身开始。在任何时候，党员干部的身体力行，都是最好的表率，最有力的号召。如果党员干部能够自觉践行廉洁，践行健康、文明的生活方式，做到遵纪守法，那么家属和后辈儿孙一定会被带动。言传不如身教，党员干部以身作则才是最好的家庭教育。

以身作则，践行廉洁，是党员干部开展廉洁家庭教育的基础和前提。如果不能做到这一点，话说得再多、再好听也无济于事。在以身作则的基础上，党员干部进行廉洁家庭教育时，要把握以下六个要点。

第一，党员干部要以德治家。"天行健，君子以自强不息；地势坤，君子以厚德载物"是中国传统文化的精髓之一，也是传统家风文化的基础。以德治家，就是要用传统文化中的伦理道德和仁者爱人的博爱思想熏陶每一个家庭成员。除此以外，我们还要践行社会主义核心价值观，在继承传统的基础上，形成符合时代精神的优秀家规、家训。

当然，以德治家的前提是我们自己要具备高尚的道德情操，要做有德之人。

第九章 嘉言懿行，垂教后辈坚守廉洁底线

✩　　✩　　✩　　✩　　✩

　　82岁高龄的朱大爷曾是农业银行下属某营业所的员工，也是一名党员。60岁那年，朱大爷从银行退休了，他决定回到老家生活。在老家住了一段时间后，朱大爷发现，由于当地没有环卫工人，村道上总是一片狼藉，做事严谨认真的朱大爷看不下去了，于是他二话不说就拿起扫把开始打扫村道，朱大爷这一扫就是20年。

　　从拿起扫把的那天起，朱大爷的退休生活中多了一个重要任务：每天打扫几百米长的村道。在朱大爷的努力下，不少村民主动关心、爱护环境，减少了乱扔垃圾的行为。朱大爷的年龄越来越大，他的子女开始接过他手中的扫把，毫无怨言地与他一同打扫街道。

　　朱大爷常常教导他的儿孙，不能"自扫家门前雪"，要关心他人，回馈社会。在朱大爷的影响下，他的家庭成了远近闻名的有德之家。

✩　　✩　　✩　　✩　　✩

　　从朱大爷的故事中，我们可以看到党员干部在家庭教育中的表率作用。可见，对于党员干部来说，只有自身有德，才能以德治家。

　　第二，党员干部要以孝传家。孝悌是中华传统文化和社会运转的基石，也是家庭教育中不可缺少的部分。孝悌让家庭成员间的联系更加紧密，也让家风、家训得以传承。在一个讲究孝悌的家庭里，父母和长辈宣扬家风，示范家风，子女继承家风，践行家风。只有以孝传家，儿孙晚辈才能继承父母和长辈的优良作风和廉洁习惯。

　　第三，党员干部要以学兴家。"非学无以广才，非学无以名识，非学无以立德。"学习可以让人增长才干，学习可以让人拥有远大的志

向，学习可以让人成为有德之人。我们要在家庭中培养爱学习、爱读书的好习惯，让书香弥漫在家庭中。让家中的儿孙后辈在书香中养成多思考、多观察、多学习的好习惯，让他们在浓浓书香的引领下远离庸俗、低俗的生活方式，提升修养和素质。

第四，党员干部要以勤俭持家。对于儿孙后辈来说，唯有从小就养成勤俭节约的生活习惯，才能真正地懂得"一粥一饭，当思来之不易；半丝半缕，恒念物力维艰"，从而防止产生"骄""娇"二气和不必要的优越感。对于党员干部家庭来说，养成勤俭好家风尤为重要，因为勤俭家风可以涵养廉洁之风。"俭以养德"要从家庭教育抓起，要从孩子抓起。

第五，党员干部要以廉洁齐家。在党员干部家庭中，"家庭式腐败"是导致家庭破裂的重要原因之一。为了防止"家庭式腐败"的发生，党员干部要加强对家人和儿孙后辈的廉洁教育，绝不纵容和默许亲属以权谋私。此外，党员干部要为儿孙后辈做好表率，在工作中公道无私、清廉正气，在生活中朴实无华、淡泊名利。总之，党员干部的一身正气和两袖清风，就是最好的廉洁教育。

第六，党员干部要以亲情爱家。家庭教育要有严有爱，对于儿孙后辈，我们既要严格要求，又要关心爱护。党员干部不仅要有关怀群众、为人民服务的爱民之心，更要有爱护家人、关爱晚辈、孝敬长辈的顾家之情。一次促膝长谈，一声真心的问候，一顿温馨的团圆饭，都可以让家庭氛围更加和谐，让父母长辈与儿孙晚辈之间的沟通更顺畅。爱，是家庭中恒久不变的主题，是几代人之间的润滑剂，是家庭教育的催化剂。我们在开展廉洁家庭教育的同时，也不要忘了用爱和亲情滋养家庭。

家庭教育是一个长期的过程，在这个过程中，我们要持之以恒地帮助儿孙后辈培养好习惯、好品格,还要在潜移默化中向他们传递廉洁思想,让他们的廉洁意识不断加强。

2. 引导儿孙后辈树立正确的世界观、人生观和价值观

建立清廉家风,引导儿孙后辈树立正确的"三观"是一件十分重要的事。身为父母和长辈,我们要从生活中的小事入手,"扶正"儿孙后辈的"三观"。

第一,我们要以身作则,做好儿孙后辈的榜样。父母和长辈的处事方法,是儿孙后辈模仿的对象,是他们学习为人处世的"教材"。因此,父母和长辈要遵纪守法,要讲道德,讲文明,要形成良好的生活作风,要与人为善,要正确处理人际关系,要正确对待金钱,要勤俭节约。总之,父母和长辈要堂堂正正做人,清清白白做事,为儿孙后辈树立好榜样。

第二,我们要帮助儿孙后辈构建正确、合理的价值体系。父母和长辈要让儿孙后辈意识到,金钱从来不是人生中最宝贵的东西,还有其他更珍贵的东西值得追求,比如,亲情、爱情、友谊、理想、信念等。父母和长辈要告诉儿孙后辈,不要给所有东西标价,因为有的东西是金钱买不到的。

第三,我们要及时管束儿孙后辈的不当行为。作为父母和长辈,我们要履行好教育儿孙后辈的职责,合理限制他们的不良行为,及时制止

他们的错误言行。我们要加强儿孙后辈的纪律意识、法治意识，让他们知道什么事可以做，什么事不能做，还要明确告知他们犯错误的后果。必要的时候，我们应该采取适当的惩罚措施。

第四，我们要加强道德教育，培养儿孙后辈的良好品行。为了抵制社会不良风气的影响，我们要加强家庭中的道德教育，培养儿孙后辈的良好品行。我们可以从传统文化中汲取营养，对儿孙后辈进行传统道德教育。更重要的是，我们要在家庭中引入更多元化的评价标准，让儿孙后辈意识到物质并不是衡量一个人是否优秀的唯一标准，人的道德修养、品行、性格、生活情趣等都很重要。

第五，帮助儿孙后辈建立远大的人生目标。远大的人生目标可以让人的目光更远大，眼界更开阔。作为父母和长辈，我们要引导儿孙后辈尽早树立远大的人生目标，并指导他们规划自己的人生路径。只有这样，他们才能在困难和诱惑面前不动摇，一往无前地朝着目标奋进。

"三观"对于一个人的一生起着关键作用，从某种程度上说，"三观"决定了一个人的命运。因此，党员干部应该引导儿孙后辈建立正确的"三观"，帮助他们守住廉洁的底线，人生的底线。

3. 谨慎交际，不近墨池染浊风

俗话说："近朱者赤，近墨者黑。"环境对人的影响不可忽视，一个人所处的朋友圈会对他的为人处世方式产生深远的影响。良师益友能使人进步，狐朋狗友、酒肉朋友则有可能让人沾染恶习。

第九章 嘉言懿行，垂教后辈坚守廉洁底线

而且，不少党员干部的朋友圈中隐藏着不怀好意的"围猎者"，他们虎视眈眈，一旦抓住机会，就会施展各种"套路"引诱、腐蚀，甚至胁迫党员干部，让党员干部不得不"就范"。因此，党员干部与人交际时，一定要擦亮眼睛，要"择善而交"。对于那些带着目的套近乎的人，社会关系比较复杂、混乱的人，我们要留心，要多观察，多问几个"为什么"，不要在阿谀奉承中迷失了自我。在与人交往的过程中，我们要分清公与私、情与理的界限，以免陷入扭曲的人际关系网中，正中"围猎者"的下怀。

不过，为了从根源上解决问题，党员干部应该谨慎交际，严格教育和约束家属，不给"围猎者"任何可乘之机。对待家中的儿孙后辈，特别是心智不成熟的青少年，我们更要把好交际关，不让他们"近墨池，染浊风"，我们要拿出"孟母三迁"的精神和毅力，引导他们结交良师益友。

人在青少年时代，心智还没有成熟，在朋友圈中耳濡目染，有样学样，时间一长就会养成相近的习惯，形成相投的趣味。古语有云："与善人居，如入芝兰之室，久而自芳也；与恶人居，如入鲍鱼之肆，久而自臭也。"如果儿孙后辈长期"与恶人居"，就有可能养成恶习，培养出庸俗的趣味。因此，我们一定要教育儿孙后辈谨慎交友。

在中国传统文化中，人们十分注重交友之道，《中庸》中将朋友与君臣、父子、兄弟、夫妇并称"天下之达道者五"，可见朋友关系的重要性。晚清名臣左宗棠也曾告诫自己的孩子："同学之友，如诚实发愤，无妄言妄动，固一位同类；倘或不然，则同斋割席，勿与亲昵为要。"这句话的意思是对于那些诚实、勤奋、谨言慎行的同学，应该将他们作为朋友相交，如果不是这样，则应该远离，即使同桌吃饭时也要坐远一些。

清风传家，严以治家

左宗棠对孩子的告诫体现了为人父的一片苦心，也体现了一代名臣的智慧。我们应该向他学习，教育儿孙后辈结交品格高尚、踏实勤奋的朋友，远离那些言行不当、品格不高的人。这样做的好处有两个方面，一方面，儿孙后辈可以在良师益友的熏陶下，养成良好的习惯和品行；另一方面，儿孙后辈可以避免"近墨者黑"的悲剧。

☆┄┄┄┄☆┄┄┄┄☆┄┄┄┄☆┄┄┄┄☆

> 东晋名将陶侃的父亲早逝，他自幼受母亲湛氏的教诲。湛氏是一位非常有智慧的母亲，她教导儿子要和高尚的人交朋友。有一次，陶侃的朋友范逵来家中做客，湛氏得知范逵为人孝顺、正直，就十分支持陶侃与他结交，并让陶侃将他留下来吃饭。
>
> 可是，当时陶侃家境贫寒，又恰逢大雪，家中没有待客的食物，于是，湛氏就剪掉自己的头发，到集市上换了酒菜招待范逵，并将家中的草墩折开，帮范逵喂马。范逵得知真相后，十分感动。

☆┄┄┄┄☆┄┄┄┄☆┄┄┄┄☆┄┄┄┄☆

陶侃的母亲为了让儿子结交益友，不惜剪掉自己的头发，这种精神令人感动。她的举动中体现了"保家莫如择友"的古老智慧。儿孙后辈长大后必定会远离父母，走向社会，此时他们与朋友相处的时间可能会更多，如果能够结交一些良师益友，将受益无穷。一旦交友不慎，就有可能酿成大祸。

"要做好人，须寻好友。"人生的道路虽然需要自己去走，但离不开他人的影响。选择与什么样的人交朋友，结果可能"差之毫厘，谬以千里"。

作为父母和长辈，我们要肩负起责任，在儿孙后辈结交损友时做到及时提醒和干预，在儿孙后辈结交益友时及时鼓励。与此同时，我们要警惕家人和后辈朋友圈中虎视眈眈的"围猎者"，教育他们擦亮眼睛，明辨是非，不给"围猎者"可乘之机。

不过，家人和儿孙后辈的交际终究要靠他们自己，我们不能也不应该处处横加干涉。我们要做的是让家人和儿孙后辈明白交友的底线和标准，并学会把握人际交往中的"度"，分清亲疏远近。

"君子之交淡如水"，真正的朋友相交，并不需要一同出入高消费场合，一同分享灯红酒绿，更不需要进行利益交换。我们要教育儿孙后辈如何区分真心相交的朋友和另有所图的小人，让他们远离陷阱。此外，我们还要督促儿孙后辈培养健康向上的生活习惯，以及高雅的生活情趣，只有这样才能远离低俗的交际圈。

人际交往是一门学问，只有能够把握边界、坚守原则、明辨是非的人才能在人际交往中做到游刃有余、进退有度。对于社会经验不足、心智不够成熟的后辈儿孙来说，避免在人际交往中误交损友的最佳途径就是慎重交友，远离风险。

4. 以身作则，在子女面前保持清廉形象

如果说家庭是孩子的第一所学校，那么父母就是孩子的第一任老师。孩子的言行和处事，都出自家风的熏陶和父母的教育。

家风是代代传承的，有什么样的父母和家风，就有什么样的孩子。

清风传家，严以治家

孩子的世界观、人生观和价值观由家风和父母的教育塑造，而世界观、人生观、价值观又决定了孩子会成为一个什么样的人、过什么样的生活。

如果我们想让孩子成为一个廉洁自律的人，就要以身作则，在孩子面前保持清廉形象。那么，父母在孩子面前应该怎样保持清廉形象呢？

对于身为党员干部的父母来说，最关键的一点是在工作和生活中保持清廉，不受贿、索贿，不贪污公款，不损公肥私，不以权谋利，不滥用职权。只有做到这些，父母在子女面前的形象才能"立得住"。试想一下，如果父母是贪官，孩子每天看到的都是贪污腐败、奢靡享乐，他又怎么会成长为一个清廉自律的人呢？

除了保持廉洁以外，我们还要做到"奉公"，在岗位上兢兢业业地工作，做到尽职尽责，秉公办事，依法办事。只有这样，子女才能意识到恪守职业道德、恪守法律法规的重要性。子女在自己的工作岗位上也能做到依法依规办事，不偏不倚。

子女的教育，重在习惯的养成。想要孩子养成清廉自律的习惯，我们要从自身做起，为孩子树立清廉自律的榜样。晚清名臣曾国藩就以自己的清廉自律为孩子树立了好榜样。

☆------☆------☆------☆------☆

道光二十二年，曾国藩给自己定下了每天读书的规矩。虽然这些规矩有12条之多，但曾国藩始终坚持，数十年如一日，没有一天懈怠。他在军务繁忙的时候，依然每天腾出4个时辰温习旧书，阅读新书，并写下相关笔记。曾国藩的自律不仅体现在读书上，更体现在做官上。"三年清知府，十万雪花银"是晚清官场的普遍现象，但曾国藩身处其中却能做到"出淤泥而不染"。他在生活中也遵守勤俭家规，始终严格约束自己的言行。

☆------☆------☆------☆------☆

第九章　嘉言懿行，垂教后辈坚守廉洁底线

曾家的家风、家训之所以能够传承，曾国藩的子孙后辈之所以能恪守清廉家规，是因为曾国藩能够以身作则，在子女和晚辈面前树立了清廉自律的形象。

父母的清廉形象要从生活的方方面面来树立。为了给子女带好头，我们要养成良好、健康的生活习惯。比如，我们应该培养健康、文明的兴趣爱好，避免沾染赌博、酗酒等恶习。我们还要养成健康的生活习惯，培养高雅的生活情趣，拒绝低级趣味，不出入低俗的场所。最重要的是，我们要养成勤俭节约的好习惯，在生活中做到不铺张浪费，不追求奢靡享乐。只有这样，子女的生活作风才会清正。

与子女的沟通也是家庭教育的重要一环。我们应该经常和子女讨论廉洁话题，跟他们讲案例、讲体会，帮助子女树立"以廉洁为荣"的思想。我们还可以结合自己的工作、家庭来谈廉洁，给子女以启发和点拨。

老张的女儿刚上大学，到了新的城市，认识了新的同学。女儿的宿舍里有一位同学，家庭条件十分优越，身上穿的都是名牌，平时的生活也十分奢靡。而且，女儿在和老张聊天时，无意中透露出对这位同学的羡慕。这引起了老张的重视，他专门抽出时间打电话给女儿，和女儿进行了一番长谈。

在谈话中，他提到了廉洁，提到了"量体裁衣"，也提到了攀比的危害。老张的谈话就像一场及时雨，给了女儿启发和点拨，让她迅速调整心态，积极适应大学生活。同时，老张的谈话也是一次生动的廉洁教育，他把自己的生活经验、人生体会和廉洁价值观分享给女儿，在女儿的心中种下了廉洁的种子。

清风传家，严以治家

父母以身作则，是家庭廉洁教育的关键。只有父母做到了廉洁自律，子女才会跟随父母的脚步，成为一个廉洁自律的人。言传不如身教，父母的清廉作风会深深地印在子女的脑海中，成为子女为人处世的榜样。与其对子女耳提面命，党员干部不如以自身的实际行动来影响子女，用自身的清廉形象，为子女树立一根标杆，画出一条底线。

5. 严格管教，明察子女贪腐之念

虽然我们始终强调家风建设，用廉洁家风熏陶子女，使子女养成廉洁的好习惯。可是，当子女渐渐长大，进入学校、社会以后，难免会受到一些不正之风的影响，在心中产生贪腐的苗头。

面对这种情况，身为父母的党员干部应该严格管教，明察秋毫，及时发现并纠正孩子的贪腐之念。那么，我们应该如何做呢？

首先，我们要观察孩子的消费行为，如果发现孩子花钱大手大脚，或突然购买超出家庭收入水平和他自己收入水平的商品，我们应该及时问明原因。如果孩子产生了追求奢靡享乐，或与人攀比的苗头，我们应该及时做思想工作，纠正不良行为。

☆┄┄┄┄┄☆┄┄┄┄┄☆┄┄┄┄┄☆

老张的儿子是一名大学生，平时喜欢运动，对球鞋十分感兴趣，常常为自己购买心仪的球鞋。老张知道儿子喜欢球鞋，也知道儿子用自己做兼职赚到的钱买球鞋，而且，儿子买球鞋的频率并不高，每双鞋的单价也只有几百元，老张认为这并不

第九章 嘉言懿行,垂教后辈坚守廉洁底线

过分。

直到有一次,老张的侄女来家里做客,看到了老张儿子新买的球鞋。她十分惊讶地对老张说:"叔,我表弟这双鞋不便宜吧,这是限量款,我在网上看到这双鞋的价格已经炒到了八千多。"

侄女的话引起了老张的重视,他立刻打电话询问儿子那双鞋的价格。儿子告诉老张,自己是找熟人按原价买的,并没有花八千多。老张接着问儿子:"这个熟人是谁?"在一番"逼问"下,老张终于弄清了事情的来龙去脉。

原来,老张的下属何某通过各种渠道花高价买下了这双鞋,然后又按原价转卖给老张的儿子,他的目的是讨好老张的儿子,让"领导家的公子"记住自己的这份人情。老张的儿子还以为自己捡了个大"便宜",殊不知自己差点掉进了大"圈套"。

后来,老张将买鞋的钱给了何某,并对他进行了严肃的批评。同时,他也严厉批评了自己的儿子,并对他买鞋的行为进行了限制,还勒令他"赔偿"自己付给何某的钱。老张希望儿子能吸取教训,不要因为一时的诱惑而行差踏错。

老张的儿子之所以差点"犯错误",固然是因为何某的别有用心,但主要原因还是在他自己身上。如果他能不受"限量球鞋"的诱惑,不起贪念,保持清醒,何某就不会"得逞"。

老张儿子的异常消费行为,让他察觉了其中的"猫腻",并及时采取措施,弥补了儿子的错误。通过老张儿子的故事,我们可以看到家庭防腐,自己子女廉洁教育的紧迫性和必要性。

其次，我们要及时了解子女的思想动态，并及时纠正子女过盛的攀比心和虚荣心，自己自觉高人一等心理。我们要多与子女沟通，从他们的所思所想中发现贪腐的苗头，并及时"扼杀"。同时，我们还要鼓励子女保持廉洁自律的作风，与他们交流廉洁心得。

除了做到及时发觉子女的贪腐之念，我们还要从以下三个方面对子女提出严格要求。

第一，我们要在做人上对子女严格要求。"千教万教，教人求真；千学万学，学做真人。"我们要提高子女的思想道德水平，帮助子女养成遵守社会公德的习惯，还要强化子女的法治意识和社会责任感。子女在学做事之前，要先学做人。如果我们想让子女做到廉洁自律，就要培养他们的优良道德品质。

第二，我们要在学习上对子女严格要求。学习和求知是提升思想境界，远离庸俗生活趣味的最佳途径。持续不断的学习能让子女拥有远大的人生目标，开阔的眼界，能培养他们坚定的信念。当子女的思想境界提高了，他们就不会被眼前的名利诱惑，自然也能远离贪腐。因此，我们要鼓励子女终身学习，并为他们创造学习的条件。

第三，我们要在自立上严格要求子女。我们要引导子女自立自强，消除依赖思想，鼓励子女通过自我奋斗取得成绩。如果子女能真正地做到自立自主，不依赖父母，他们就不会要求父母为他们开"后门"，也不会以父母的名义为自己谋私利。

党员干部对子女的严格管教，是对子女负责，对家庭负责，也是对自己负责。

6. 不包庇、不纵容后辈贪贿之行径

俗话说："惯子如杀子。"过分娇惯溺爱，会让孩子失去承担责任的能力；过分放纵，会让孩子失去自律、自控的能力；不问缘由的包庇，会让孩子失去对法律、道德、公序良俗的敬畏。孩子行为失控、人生失控的背后，是父母长辈的溺爱、纵容和包庇。

身为父母和长辈，我们不应该包庇纵容孩子的错误，而是要让他们自己承担责任，面对后果。

☆----------☆----------☆----------☆----------☆

何某在银行工作5年，在一次鬼迷心窍中，他贪污了客户的储物款3万元。由于精通业务，何某"抹平"了自己的犯罪痕迹，银行并没有第一时间发现他的罪行。后来，何某先后以同样的手段贪污了储物款共计50多万元。

眼看窟窿越来越大，何某坐不住了，他选择卷款潜逃。何某潜逃后，警察很快找上了门，何某的母亲得知儿子的所作所为后既气愤又伤心。

经过一番思想斗争后，何某的母亲决定劝儿子自首。她每天都通过微信和QQ给儿子留言，劝儿子自首，她告诉儿子："你逃得了一时，逃不了一世，难道你以后都要过躲躲藏藏的日子吗？你现在自首了，还有可能争取宽大处理，将来改造好了，还可以重新做人。人犯了错不要紧，只要还有机会改正，

清风传家，严以治家

就有从头再来的机会。"

母亲的话深深地触动了何某，他选择回到家乡，在母亲的陪同下到派出所自首。送走儿子后，何某的母亲在派出所门前失声痛哭。

☆ ☆ ☆ ☆ ☆

何某的母亲劝儿子自首的举动，让我们更深刻地理解了"可怜天下父母心"。何某的母亲对儿子的爱是毋庸置疑的，但她的爱并不是包庇纵容，而是鼓励犯下贪污罪的儿子面对结果，承担责任。

一个做错了事，只想着逃避，不愿承担责任的人，是懦弱而且缺乏责任感的。那些包庇纵容他，不帮他改正错误，不鼓励他承担责任的人，则是在害他。对后辈的关心和爱护，从来不是包庇和纵容。因为，天网恢恢，疏而不漏，任何罪行都有败露的一天。到那时，那个犯错的人将面临更严厉的处罚，包庇者也会受到相应的处罚。

我们要明白，对后辈的包庇纵容不是爱他们，而是害他们。当我们发现后辈的贪贿行径时，要鼓励他们主动承认错误，主动承担责任。我们必须要让家庭中的后辈明白三件事。

第一件事是有些责任必须自己承担。我们要让后辈明白，犯了错误，就必须承担责任，而且只能由自己承担。

第二件事是有些事必须自己做好。我们要教育后辈，凡事不能依赖别人，要有自我管理和自我约束的能力。如果管不住自己，就将会付出代价。

第三件事是有些行为必须自己纠正。当犯错误的后辈真正面对自己的错误时，我们要引导他们纠正自己的错误，鼓励他们改正。

犯了错误并不可怕，可怕的是不仅毫无悔意，而且不愿承担后果，并改正错误。只有愿意面对错误，愿意改正错误的人，才能拥有"重新出发"的机会。

如果我们在后辈犯下贪贿的错误时,选择包庇他们,那么他们就失去了改正错误的机会,也失去了"重新出发"的机会。如果我们不对后辈的贪贿行径加以制止和批评,他们就会在贪贿的道路上越走越远,最终导致积重难返。

有人可能会认为,"不包庇、不纵容"的做法缺乏人情味。但是,在党纪国法面前,是没有人情可讲的,犯了贪污罪就要接受党纪国法的严厉惩处。俗话说:"亡羊补牢,为时未晚。"如果我们能在错误还可以挽回的时候,鼓励后辈接受处罚,改正错误,他们仍然拥有光明的未来。当错误已经无法挽回,损失已经难以估量时,再说什么都晚了。

包庇纵容不是爱,教育后辈承担责任,改正错误,才是对他们负责。

第十章

共防贪贿，构建家庭防腐铜墙铁壁

随着社会经济的发展，"家庭式腐败"成为贪腐的重灾区。为了预防"家庭式腐败"，党员干部要与家人共同构建家庭防腐的铜墙铁壁。党员干部及家属要警惕日常生活中的贪腐陷阱，不要心存侥幸，做到慎独、慎初。家人之间还要相互监督，相互提醒，以免不慎踏入贪腐陷阱。

第十章 共防贪贿，构建家庭防腐铜墙铁壁

1. 知敬畏，时刻保持警戒之心

社会和经济的发展，给不少家庭带来了冲击，让家庭成了权钱的交易所，使"家庭式腐败"成为贪腐的重灾区，这种现象值得我们警惕。

"家庭式腐败"的本质是公权力的私有化和家庭化，即家庭成员通过党员干部手中的权力谋取私利。在打击和治理"家庭式腐败"时，人们通常会紧盯党员干部的配偶和子女，一些贪官在落马后也抱怨家人给自己"拖后腿"。

事实上，这样的观念是经不起任何推敲的。"家庭式贪腐"的发生，多半是由于家庭中有一个丧失了警戒之心，管不住家庭成员的党员干部引发的，这些党员干部要么管不住家人，要么干脆放任自流，甚至纵容家人收钱、收礼。更有甚者，有的党员干部本人就是"家庭式腐败"的领头羊，带领全家老小参与腐败。

"家庭式腐败"之所以如此猖獗，既有党员干部廉洁意识、自律性、法治意识不强，缺少理想和信念，没有树立廉洁家风等主观原因，也有两大客观原因。

第一个客观原因是"家庭式腐败"有深刻的社会根源。中国社会自古以来就十分注重家庭关系、亲缘关系，血缘是一条天然的、牢固的纽带，将一个家庭紧密联系在一起，也完成了浓厚的"血亲本位"意识。这种意识让少数党员干部在面对家人的不合理要求时，很难保持客观和理智，进而让"家庭式腐败"逐渐滋生。

另外，很多不法商人、行贿者没有机会直接接触高级干部，便将目标转向高级干部的家人，用尽各种方法，让高级干部的家人踏入他们设下的陷阱。当家属被"拖下水"，党员干部本人就很难独善其身了，很多"家庭式腐败"就是这样产生的。

第二个客观原因是"家庭式腐败"具有一定的隐蔽性，侦破难度比较大。

有专家将"家庭式腐败"归纳为三种类型。第一类是干部前台"唱黑脸"，配偶后台"收黑钱"。比如，某市药品监督管理局原局长刘某前台为医药企业"设关卡"，刘某的妻子就在后台为医药企业做"顾问"，收取高额"顾问费"，夫妻二人通过这种方式敛财数百万元。

第二类是干部利用手中的权力为家人经营的公司，或承接的项目提供便利，让家人从中获利。比如，某市原副市长为儿子经营的公司提供便利，多次帮助儿子的公司获取大额贷款，并帮助其承接工程。

第三类是干部利用手中的权力给商人、下属施惠，并要求对方"照顾"自己的儿女，为自己的儿女安排工作，或帮助自己的儿女做生意。

上述三类"家庭式腐败"都具备隐蔽性强、"门槛"低的特点，而且参与人员之间很容易建立"攻守同盟"，进而导致侦破难度加大。这让少部分党员干部及其家属产生了侥幸心理，开始在危险的边缘试探。

通过上述分析，我们不难发现，"家庭式腐败"的成因复杂、诱因多，在当前的社会环境下，如果我们不能时刻保持警戒之心，就很有可能让家庭防腐堡垒被"攻破"。

为了保持警戒心，铸牢家庭防腐的铜墙铁壁，我们要在家庭中树立"不敢腐败""不能腐败""不愿腐败"的意识。

首先，我们要让家人"不敢腐败"。我们要让家人了解防腐的高压

第十章 共防贪贿，构建家庭防腐铜墙铁壁

势态，意识到法纪的无情，还要让他们知道，即使再高明的贪腐手段，也会露出马脚。想要让家人不敢参与贪腐，就要用法纪和案例震慑他们，建立贪腐和法律惩处的必然联系，让他们形成"莫伸手，伸手必被捉"的心理。

"若要人不知，除非己莫为。"若对贪腐行为抱有侥幸心理，必然会收获不幸的结果。"骥走崖边须勒缰，人至官位要缚心"，党员干部和家属都要心存敬畏，保持小心谨慎，杜绝任何侥幸心理。只有这样，才能将"家庭式腐败"拒之门外。

其次，我们要监督家人，让他们"不能腐败"。在家庭中建立防腐监督机制是非常有必要的。我们要从交友、生活作风、消费习惯等方面，对家人"八小时"之外的生活进行监督，让家人远离不怀好意的不法商人、行贿者和权力掮客，避免家人养成奢靡享乐的生活习惯。有力的互相监督和自我监督，可以让"家庭式腐败"无所遁形。

最后，我们要让家人"不愿腐败"。腐败源于私心贪欲，源于扭曲异化的价值观。因此，我们要在家庭中打牢思想基础，加强廉洁家风建设，培养"不愿腐败"的家人。

我们要加强对家人的教育，用亲情的力量引导他们远离腐败。我们要让家人明白，只有保持清正廉洁，才符合家庭的长远利益，才能保证家庭的幸福和平安。

此外，我们要涵养"莫伸手""反对奢靡享乐"的好家风，让反贪、反贿成为家规。

☆┈┈┈┈☆┈┈┈┈☆┈┈┈┈☆

曾居住在"江南第一家"郑义门的郑氏家族，以《郑氏规范》为家训，以"廉俭孝义"著称，几百年郑氏家族中有170多人出仕，但没有一人贪墨。郑氏家族之所以能形成这样

的廉洁家风，与《郑氏规范》的警示和规劝作用是分不开的。

《郑氏规范》中的"吾子孙有不孝、不悌、不共财聚食者，天实殛罚之"和"家业之成，难如升天，当以俭素是绳是准。唯酒器用银外，子孙不得别造，以败我家"等家规，无不告诫、警示家族中的人远离贪腐。

☆┄┄┄┄☆┄┄┄┄☆┄┄┄┄☆┄┄┄┄☆

防止"家庭式贪腐"，一定要做到要防患于未然。我们要在家庭防腐堡垒还没有被"攻破"时，就做好预防工作，提高警戒心，将所有的腐败苗头扼杀在摇篮中。我们还要知敬畏，在家庭中培育"不敢腐败""不能腐败""不愿腐败"的良好风尚。

2. 良言逆耳，多对家人吹"廉正风"

常言道"良药苦口利于病，忠言逆耳利于行"，如果我们想要构建家庭防腐的铜墙铁壁，就要在家庭中常说一说逆耳忠言，常泼一点"冷水"，让家人保持头脑清醒，做到言有所规，行有所止，不在诱惑面前迷失方向。

良言虽然逆耳，却有利于我们及时纠错，避免家人陷入腐败的陷阱。曾任兵部主事、南安知府的明代进士张弼为了告诫妻子，写下《寄内》："四儿六岁五儿三，莫把肥甘习口馋。清白传家无我愧，诗书事业要人担。三餐淡饭何须酒，一箸黄齑略用盐。闻说有人曾饿死，算来原不为官廉。"

第十章 共防贪贿，构建家庭防腐铜墙铁壁

张弼在诗中告诫妻子，要勤俭节约，不娇惯溺爱儿女，要传清白廉洁的家风。这样的良言虽然不如甜言蜜语动听，却饱含了张弼对妻子、对家人的关爱之情。

爱之深，责之切，我们越是关爱家人，就越要严格要求家人，多对他们说逆耳的良言，多在他们耳边吹"廉正风"，时刻提醒他们远离贪腐。要知道，过分放任和纵容，才是对家人的伤害。

某县国土资源局原局长叶某，在任职期间违反党纪，纵容妻子收受他人赠送的礼金3万余元，并利用职权为他人"行方便"。虽然叶某事后主动向组织检讨错误，并向纪委监察部门上交了妻子收受的3万余元，但他仍然受到了党纪的严厉处分。

叶某在进行自我检讨时表示，他对妻子收受钱物的行为毫不知情，对妻子的人际交往情况也不了解，根本不认识送钱给妻子的人。可以说，叶某对于妻子收受他人钱财的情况一无所知。

叶某的妻子私自接受他人贿赂，叶某利用职权为他人"行方便"是典型的"家庭式贪腐"。虽然叶某对妻子受贿的事并不知情，但也不能改变其贪腐的事实。《准则》要求党员干部"廉洁齐家，自觉带头树立良好家风"，但仍然有个别党员干部对家风建设不上心，对自己的配偶、子女及其他亲属管理不严，教育不勤，进而导致"家庭式贪腐"发生。

我们应该从叶某身上吸取教训，要严格管理和教育家人，告诫家人贪腐的危害，要在家庭中常吹"廉正风"。很多老一辈革命家、共产党人不仅自己做到了两袖清风，对家人的要求也十分严格，有时候甚至苛

刻到不近人情，但是这种"苛刻"却体现了对家人、对人民群众的大爱，以及他们廉洁奉公的决心和毅力。

联系近年来的"家庭式腐败"案件，我们更能体会良言逆耳的重要作用。党员干部手中掌握着或大或小的权力，不仅自身会遭遇不法商人、权力掮客的"围猎"，他们的家人也是"糖衣炮弹"的重点攻击对象。如果家庭中不长吹"廉正风"，也没有良言告诫，那么家人就有可能落入贪腐陷阱。

那么，党员干部要如何在家庭中吹好"廉正风"呢？

首先，家人提出非分要求、违纪愿望时，要及时"泼冷水"。我们不仅要坚决地拒绝家人的非分要求，还要对家人讲清违纪的严重后果，为家人算一算贪腐的政治账、经济账、名誉账、自由账、前途账和亲情账。只有算清账，才能阐明利害，起到警醒、告诫家人的作用。

☆ ---- ☆ ---- ☆ ---- ☆ ---- ☆ ---- ☆

某区副区长何某的女儿大学毕业后，没有找到合适的工作。于是，她要求父亲为自己安排工作，并提出了"钱多、事少、离家近"的要求。面对女儿提出的非分要求，何某哭笑不得。他拒绝了女儿，并对女儿说："你这个要求我满足不了。第一，我没有权力给你安排工作，如果我给你安排了，我就是在滥用职权，以权谋私，你希望我因此受到处罚吗？第二，找工作是你自己的事，关系到你自己的前途，就算我给你安排了工作，你能胜任吗？第三，你的这种想法非常危险，如果不及时纠正，很有可能犯错误。"

☆ ---- ☆ ---- ☆ ---- ☆ ---- ☆ ---- ☆

何某的一番话虽然不好听，但却起到了告诫、警醒的作用，他的女儿也意识到了自己的要求是不合理的。

其次,我们不仅要给家人讲明道理,还要以身作则,做出正确示范。不要把家里人聚餐的费用拿到公家报销;不要把自己的儿子侄子外甥拉进公家的投标、招标;不要在公家食堂给自己开小灶。党员干部自己不贪不占,才有底气教育配偶和子女;党员干部自己分清公私,才能拒绝家人以权谋私。

最后,我们要听得进家人的逆耳良言。保持廉洁家风,构建防腐的铜墙铁壁是整个家庭的责任,家人之间应该相互监督,相互提醒。因此,我们也要听得进家人的逆耳良言,接受家人的提醒和告诫。如果我们因私欲膨胀而进行以权谋私,输送利益,官商勾结,就相当于把家庭往火坑里推。如果家人能及时"泼冷水",就能使我们保持清醒,不走上贪腐的歧路。

反贪腐是一个系统性的社会议题,每个家庭,每个人都要为反贪腐做出努力。党员干部要和家人共同努力,在家庭和社会中刮起"廉正风"。党员干部手中的权力越大,就越要保持清醒,而且要教育和约束自己的子女、配偶和家人。党员干部的家人也要明事理,懂是非,顾大局,不做非分之想,不做非分之事,让家庭充满"廉正风"。

3. 年关时节,须严防家人"被受贿"

中国是礼仪之邦,自古以来就讲究礼尚往来。每逢新春佳节,人们都会互赠礼物,表达祝福和慰问。每到年关,家家户户都会为送礼、收

清风传家，严以治家

礼而忙碌。

可是，面对年关时节的送礼潮，很多党员干部却感到十分为难，甚至产生了不愿在家过年的想法。这是因为，小小的年礼中有可能隐藏着人情债、经济债，甚至贪腐的陷阱。

每到年关，有的党员干部家中送礼者络绎不绝，送上门的礼品也花样繁多，小到土特产，大到"压岁钱"。面对令人眼花缭乱的年礼，大部分人都能守住廉洁与本心，坚决地予以拒绝。还有小部分要么经不住诱惑，在"年节收礼，合情合理"心理的驱使下，大量收受礼金、红包，搞权力变现，要么在不明真相的情况下"被受贿"，踏入了贪腐的陷阱。

在小部分人的推波助澜下，年关时节的正常人情往来，演变成了行贿受贿的"遮羞布"和拉拢、腐蚀干部家属的陷阱。一些平时能保持廉洁的党员干部和家属，一到年关时节，就会放松警惕，笑纳来自下属、企业的贵重礼品。不少原本清正廉洁的党员干部家庭就是在年关被"拖下水"的，年关也因此成了一道"廉洁关"。

"廉不廉，看过年；洁不洁，看过节"是人们从多年的反腐斗争中总结出的宝贵经验。"如何度过年关"是摆在党员干部及其家属面前的一道廉洁考题。可是，少部分党员干部及其家属并没有"答对"这道廉洁考题。

☆————☆————☆————☆————☆

某镇原副镇长沈某在回顾自己的家庭贪腐历程时，特别提到了年关。他说："一开始，我们只敢收一些特产，收到现金时，会感到忐忑不安。后来，我和妻子的胃口越来越大，过年时收到装着2万美元的红包也觉得心安理得。"

某省省委原副书记陈某的妻子在过年期间放松了警惕，导致"被受贿"20万元。陈某主动向组织汇报情况时说:"行贿者将20万元藏在水果箱的底层,由于我和我妻子的麻痹大意,没有在第一时间发现并退回这笔钱。直到两周后,我们才发现了被藏在纸箱底部的现金。"

☆ ☆ ☆ ☆ ☆

从上述案例中,我们不难看出,党员干部及其家属之所以没有答对"如何过年关"这道廉洁考题,一方面,是因为他们的心中萌生了贪欲,苍蝇不叮无缝的蛋,一旦贪欲产生,廉洁防线的口子就很容易被打开。另一方面,是因为他们的警惕性降低了,年关时节轻松愉快的节日气氛容易让人放松警惕,而且新春互送礼品,表达祝福是一种传统风俗,面对别人送来的礼品,人们往往不好意思拒绝,行贿者就有了可乘之机。

年关是人情关,也是廉洁关。年关时节,借送礼之名行贿,十分巧妙而隐蔽,如果不提高警惕,就很有可能"被行贿"。因此,年关是家庭反腐的重要阵地,越是临近年关,我们越要把紧家门,提醒家人警惕贪腐的侵蚀;越到年关,我们越要恪守法纪,时刻保持清醒,守住清廉,只有这样,才能度过一个温馨、祥和的新年。

第一,我们要向家人阐明利害,让他们明白年关中潜藏的廉洁风险,以及年关中保持清醒、廉洁的重要性。我们必须让家人明白,有人打着"亲情""友情"的旗号,借"人情往来"的名义行贿、受贿,压岁钱、土特产、年货等都有可能变身为"糖衣炮弹"和"贪腐陷阱"。只有明白了利害关系,才能真正地提高警惕。

第二,我们要提醒家人把握公私界限,不该收的礼物不要收。一些想要"打通关节"的人喜欢利用年节的机会请客、送礼,为今后的行贿和权钱交换做好"铺垫"。因此,党员干部要提醒家人多留个心眼,守住底线,绝不能随意收礼。

第三,我们可以建议家人减少应酬,不去不法场所,不参加不必要的饭局。年关一到,各类饭局、聚会接踵而至,可是,并不是所有的饭局都能随意参加,某些饭局中可能暗藏着贪腐陷阱。如果我们能主动减少过年期间的应酬,就能从根源上杜绝家人"被受贿"了。

第四,我们可以提倡节俭过年,传达"礼轻情意重"的思想,让家人、朋友不互赠贵重的礼品,同时,我们也不接受别人送的贵重礼品。新春佳节的意义在于团聚,不要让贵重的礼品成为人际交往的沉重"枷锁"。同时,不收贵重礼品也能让我们和家人远离贪腐陷阱。

第五,我们要时刻保持头脑清醒,做到"心不贪、嘴不馋,手不伸",做年关时节的廉洁表率。除此以外,还要管好家人,让家人做到"不该拿的不要拿"。年关时节,唯有看好自家门,守住自家人,才能守住"廉洁关"。

年关是廉洁关,是考验党员干部的关键时刻,在年节之际,我们要和家人一起做到"三不",即不赴不明之宴,不拿不义之财,不进不法之地。如果我们想要铸牢家庭防腐的铜墙铁壁,就要严格管理好自己和家人,任何时候都不放松警惕。

4. 防止"明借暗贿"的新型腐败

近年来,反腐败的高压态势始终不变,贪污腐败的生存空间不断缩小,腐败分子的惯用伎俩也被逐个揭露。在这一背景下,腐败分子

"另辟蹊径"，想出了权力寻租的新招数——明借暗贿。

那么，"明借暗贿"到底是什么呢？我们不妨通过一个案例来了解它的含义以及特征。

☆┈┈┈┈☆┈┈┈┈☆┈┈┈┈☆┈┈┈┈☆

某市文化局文化市场管理处副处长许某利用职务之便，向某承包商透露招标信息，并通过一系列暗箱操作帮助该承包商顺利中标。事后，许某以"借钱为名"，向该承包商索贿18万元。许某以"借款"为名，行"索贿"之实，正是"明借暗贿"，法院经过审理后，认定许某的受贿罪成立。

无独有偶，某镇原副镇长高某也以"借钱"的名义向企业索贿100多万元，他用"借"来的钱给自己的女儿买了一套房子，一辆车。全国各地发生过多起类似案件，"明借暗贿"已然成了腐败分子进行权力寻租的新幌子。

☆┈┈┈┈☆┈┈┈┈☆┈┈┈┈☆┈┈┈┈☆

"明借暗贿"让"欠债还钱""有借有还，再借不难"等天经地义的道理变了味。通过"明借暗贿"，腐败贪官可以明目张胆地"借"钱不还，还可以光明正大地以"借钱"的名义索贿。在"借"的名义下，行贿与受贿不再偷偷摸摸，甚至等到东窗事发之时，也可以用"借"来遮掩犯罪事实。

"明借暗贿"这种新型腐败形式，具有很强的迷惑性和隐蔽性，而且调查取证的难度较大，是很多腐败官员敛财，不法商人行贿的新手段。而且，值得警惕的是，由于党员干部身份的特殊性，在单位上下级关系的框架下，上级向下属借钱的行为，也很容易成为隐藏贪腐的灰色地带。

清风传家，严以治家

"明借暗贿"的隐形腐败之所以出现，归根到底是人的私心贪欲作祟。只要不贪，我们就不会出现伸手"借"钱、索贿的行为。因此，党员干部及家属，要遏制自己的私心贪欲，不给行贿者"借钱"给自己的机会。

那些以"借钱"之名，行索贿、行贿之实的人自以为聪明，可以逃脱党纪国法的惩处。因此，他们以"明借暗贿"的形式疯狂地进行权钱交易，殊不知，天网恢恢，疏而不漏，再隐蔽的贪腐行为终将有"纸包不住火"的那一天。

有的党员干部可能会认为，只要我不主动找人借钱，就不会陷入"明借暗贿"的新型腐败中。事实真的如此吗？别忘了，党员干部的家人也是不法商人、权力掮客"围猎"的目标，如果党员干部的家人无法识别"明借暗贿"的陷阱，就有可能掉入"险境"。

☆┈┈┈☆┈┈┈☆┈┈┈☆┈┈┈☆

某市交通运输局公路科科长黄某的母亲就中了"明借暗贿"的圈套。黄某的母亲喜欢打牌，而且通过打牌认识了不少牌友。有一次，黄某的母亲在一次牌局上认识了马某，马某自称是黄某的朋友，并亲热地称呼黄某为"阿姨"。一起打了几次牌以后，黄某的母亲与马某的关系越来越好。

有一次，黄某的母亲在牌桌上输了不少钱，但她还想继续打牌，于是，马某抓住机会拿出1000元借给她。过了几天，马某告诉黄某的母亲："我借给您的1000块钱，您儿子已经还了。"黄某的母亲便没有在意了。后来，马某又陆陆续续借给黄某的母亲1万多元。

但是，母亲向马某借钱的事，黄某一直被蒙在鼓里，而且他与马某并不相识，也没有帮母亲还过钱。直到有一次母亲无意间说起这件事,黄某才得知真相,他马上意识到这件事不对劲,并及时向组织汇报了情况。虽然,黄某及时发现,并将钱还给了马某,但是他依然受到了批评和处罚。

☆————☆————☆————☆————☆

黄某的母亲有打牌的不良爱好,马某抓住了这一漏洞,施展了"明借暗贿"的套路,想把黄某的母亲和黄某"拉下水",幸而黄某及时发现了真相。发生在黄某母亲身上的这件事给我们提了一个醒:腐败和"围猎"的手段层出不穷,党员干部及其家属在任何时候都不能放松警惕。

"明借暗贿"只是新型腐败中的一种,面对狡猾的"围猎者"和层出不穷的新型腐败手段,我们应该如何守住廉洁防线呢?答案是以不变应万变。只要我们不起贪念,不放任私心贪欲,不贪图不义之财,就不会掉进贪腐的陷阱。

5. 莫侥幸,坚决在家中抵挡"就这一次"

"就这一次""下不为例"是贪腐毁家的开始,它们是无力的自我安慰,更是苍白的辩解。很多人在侥幸心理的支配下,对自己说"就这一次",事实证明,这只是骗人骗己的谎言。抱着侥幸心理的"伸手"人,都无法逃脱党纪国法的惩处。

"侥幸"一词在很多落马贪官的忏悔书中频繁出现,这些贪官未必不知道法纪森严,未必没想过可能付出的代价,但他们就是"刹不住

清风传家，严以治家

车"，因为他们始终抱着侥幸心理。然而，无数事实告诉我们：心存侥幸是没有出路的。

从反腐败的角度来说，"就这一次"几乎可以等同于悲剧的开头。世间万物始于初，无论好事还是坏事，都是从"第一次"开始的，错误的"第一次"就是堕落的开端，下坡路的起点。作为党员干部，我们在金钱、权力的诱惑面前要守住"第一次"，坚决抵挡"就这一次"。

坚决抵挡"就这一次"，就是不给自己放纵的机会，不让自己伸第一次手。对于党员干部来说，能否抵挡"就这一次"，能否克服侥幸心理，是廉洁自律的关键。

唐代名臣陆贽为官十分清廉，就连当时的皇帝唐德宗都认为他"清慎太过"，唐德宗对陆贽说："卿清慎太过，诸道馈遗，一概拒绝，恐事情不通，如鞭靴之类，受亦无伤。"唐德宗劝陆贽不要拒绝所有的馈赠，否则人容易惹麻烦，就算重礼不收，马鞭、鞋靴等"薄礼"收了也没什么大不了。

陆贽听了却说："贿道一开，展转滋甚。鞭靴不已，必及衣裘；衣裘不已，必及币帛；币帛不已，必及车舆；车舆不已，必及金璧。日久可欲，何能自窒于心？"

陆贽认为，只要贪的口子打开了，后面就会一发不可收拾，唯有守住"第一次"，坚决抵挡"就这一次"，才能克制住贪欲，不踏入贪腐的深渊。"就这一次"后面会出现无数个"就这一次"，我们的自律能力会在无数个"就这一次"中被摧毁。

这也是为什么古往今来的有识之士都喜欢强调"慎初"。慎初是指

第十章 共防贪贿，构建家庭防腐铜墙铁壁

"戒慎于事情发生之初"，不能心存一丝一毫的侥幸。明代哲学家王廷相用一件小事，一针见血地指出了慎初的重要性。

☆----☆----☆----☆----☆

王廷相出任都察院的长官期间，接见下属时，讲了一件小事：他进城时不巧下雨了，前面抬轿的轿夫恰好穿着新鞋。一开始，轿夫走得小心翼翼，生怕把鞋弄脏了。后来，这个轿夫一不小心踩进泥水里，弄脏了新鞋。于是，他便不再害怕弄脏新鞋，走路时也不管路面脏不脏了，最后，轿夫的鞋子完全脏了。

讲完这件小事后，王廷相对下属说："居身之道，亦犹是耳，倘一失足，将无所不至矣！"他用这件小事告诫下属要"慎初"。轿夫的新鞋被染上污泥，他便不再小心翼翼；官员一旦逾越了廉洁的底线，就会越陷越深。

☆----☆----☆----☆----☆

任何事只要有了"第一次"，就会一而再，再而三。这也是事物发展、变化的规律，是不以人的意志为转移的。因此，我们必须摒弃侥幸心理，坚决抵挡"就这一次"。

事实上，当我们的脑海中冒出"就这一次"的想法时，就是在进行一场赌博，用侥幸心理去赌自己的前途、声誉、家庭和人生。纵观世事百态，又有哪一个赌徒能落得好下场呢？到了"纸包不住火"的那一天，赌徒必定会赔得一干二净。

"就这一次"导致的腐败现象不仅涉及党员干部个人，也涉及党员干部的家庭。在许多"家庭式腐败"中，也有"就这一次"心理在其中作祟。有的党员干部家属在面对投其所好的礼物、别有用心的宴请和

看似难以拒绝的人情时，难以抵抗诱惑和压力，选择了贪腐，并告诉自己"就这一次"。殊不知，这就是成为"赌徒"的开始。

为了不让自己和家人成为"赌徒"，为了保持家庭的廉洁，我们要在家中坚决抵挡"就这一次"。

首先，我们要把腐败看成不能触碰的"高压线"。我们要在家庭中坚决抵制腐败，把"以腐败为耻"深深地烙印在每个家人的脑海中。在利益、诱惑和考验面前坚定信念，不贪不义之财，不存非分之想，坚决不越雷池一步。我们还要多为家人讲贪腐案例，让家人知道贪腐的后果，自觉地将贪腐视为"高压线"。有了"高压线"的震慑，"就这一次"的想法便不会轻易萌生。

其次，我们要警惕不怀好意的"围猎"。总有一些不怀好意的权力掮客、不法商人、行贿者试图"围猎"党员干部，当他们在党员干部本人那里找不到破绽时，便会盯上党员干部的家人。因此，党员干部的家人要警惕不怀好意的"围猎"。

有些"围猎者"非常狡猾，他们不会用金钱开道，而是选择攻心。比如，商人田某为了讨好、拉拢某医院原院长江某，为其家人提供"保姆式"服务，每周给江某家中送蔬菜瓜果，搞家庭聚餐，帮江某的儿子找家教，逢年过节嘘寒问暖。江某及其家人很快在这样的"保姆式"服务中沦陷了，成了商人田某网中的"猎物"。

不过，只要我们有一颗淡泊名利之心，做到正身修心，就能抵抗"围猎者"的"糖衣炮弹"，避免成为"围猎者"的"猎物"。

再次，我们要正确地认识人情，防止人情腐败。人情中的"情"包括同学情、战友情、朋友情、亲戚情、同事情等，有的党员干部和家属看重人情，愿意维持人情。因此，当亲朋好友、战友、同学等来找他们"帮忙"时，他们会碍于人情、面子而滥用职权陷入贪腐的泥沼中。

而且，人情容易被一些有心人利用，用于拉拢和腐蚀党员干部及其家属。我们要正确认识人情，真诚、坦荡地与人交往，信奉"君子之交淡如水"，拒绝人情的捆绑。

最后，我们要培养勤俭朴实的生活习惯。勤俭可以养廉，如果我们能养成勤俭节约的生活习惯，就不容易被金钱和名利诱惑，也不会轻易掉进奢靡享乐的陷阱。也不会因为"就这一次"，而让自己和家人走上贪腐的第一步。唯有耐得住清贫，养成勤俭朴实的生活作风，我们才能行得端、走得正，永葆家庭的廉洁。

6. 相互监督，家人之间主动留意

凡事预则立，不预则废，反贪腐斗争也是如此。与其在腐败发生以后追悔莫及，不如采取有效预防措施，让腐败没有滋生的空间。家人间的相互监督，是预防"家庭式腐败"的重要途径。

家人之间的互相监督应该做到"三全"，即全员监督、全方位监督和全程监督。

全员监督是指家庭中的所有成员都要参与互相监督，一个家庭中所有有民事行为能力的人，应该形成一个协调统一、全员参与、责任明确的监督群体。在这个群体内，每个人都有义务督促家人保持廉洁，远离贪腐。

"家庭式腐败"应该在家庭内部被杜绝，只有全员参与相互监督，才能尽可能地堵住所有"漏洞"，不让腐败侵蚀家庭。配偶之间要相互留意对方的业余生活、兴趣爱好，要帮助对方养成健康的生活方式、高雅的审美趣味。

父母要关心子女的学习、生活状况，防止子女误交损友，防止子女沾染恶习。子女不仅要孝敬父母，还要监督父母的一言一行，如果发现父母的言行不当，子女也要尽到规劝和提醒的责任。

全方位监督是指家庭成员要通过多种途径，从多个方面进行互相监督。家庭成员可以从交友、业余活动、学习、遵纪守法等方面进行互相监督。比如，党员干部及家人要慎交朋友，因为那些落马官员的身边都围绕着一群朋友，这群朋友中有权力掮客和不法商人，他们伺机而动，随时准备将党员干部及其家人拉入陷阱。人情、交际掩护下的贪腐最容易将人"拖下水"，家庭成员可以相互监督彼此的交友状况，将不怀好意的人从朋友圈中剔除。

☆----------☆----------☆----------☆----------☆

徐小明是一名大学生，有一次，他在机缘巧合之下认识了开公司的何某，何某极力要求徐小明到他的公司实习，并承诺给徐小明每月5000元的实习工资。徐小明将这件事告诉了自己的母亲，母亲得知此事后立刻引起了警觉，并告诫徐小明远离何某。

原来徐小明的父亲是当地发改委副主任，商人何某接近徐小明的目的，是拉拢徐小明的父亲。

☆----------☆----------☆----------☆----------☆

家人之间要留意彼此的交友状况，要警惕那些不怀好意的人，并及时将他们从朋友圈中剔除。

全程监督是指家人之间要持续、不间断地进行互相监督。贪腐现象并不是突然产生的,而是在日积月累中逐渐萌生的,全程监督帮助我们最大限度地杜绝腐败的产生。而且,随着党员干部职业生涯的发展,家人相互监督的方式也要不断变化。

党员干部从政初期,一般都具有远大的理想和抱负,也不愿意辜负人民群众和上级领导的期望,也想干出一番事业。处于这一阶段的党员干部,更需要家人的支持,因此,家庭成员在相互监督,坚决拒绝行贿者的前提下,要创造宽松的家庭环境,并给予党员干部适当的鼓励。

党员干部从政的中期,正是其事业有成,春风得意的时期。处于这一阶段的党员干部,手中握有一定的权力,想找其"帮忙"的人很多,对其家人"虎视眈眈"的不法商人、权力掮客也不在少数。因此,"家庭式贪腐"很容易在这一阶段发生。在这一阶段,家人之间的相互监督不可放松,要不时互相"泼冷水""吹冷风",保持警惕,保持清醒。

党员干部从政的晚期,是即将功成身退,正待为从政生涯画上完美句号的时期。处于这一时期的党员干部,很容易以"老领导""功臣"自居,认为自己奋斗了一辈子,吃点、拿点没关系,退下来之前为儿女铺好路也是理所应当的。

☆　　☆　　☆　　☆　　☆

某市原市委书记张某在岗位上兢兢业业地工作了几十年,却在即将退休之际被纪委监察部门立案调查,导致晚节不保。事实上,张某原本是可以功成身退,安享晚年的,但是,他却在临近退休前以"帮忙办事"为条件,要求商人胡某在自己退休后"照顾"自己的儿子。可是,张某的滥用职权造成了严重后果,还没等退休,就要面临纪委监察部门的调查。

张某的儿子在得知父亲的所作所为后,既伤心又后悔,他伤心的是父亲晚节不保,后悔的是自己没能及时劝阻父亲。他

清风传家，严以治家

说："我没有安排好自己的生活和事业，让已经快要退休的父亲为我操心，为我触犯了法纪，我感到非常后悔和羞愧，如果我知道父亲的打算，我一定会劝阻他。"

☆ ☆ ☆ ☆ ☆

张某有一片拳拳爱子之心，但却用错了地方。他的家人如果及时与他沟通，打消他的想法，一切就不会发生了。从张某的例子中，我们可以看到，家人间的相互监督不能流于形式，流于表面，要深入沟通了解彼此的想法，并及时纠正错误的观念，在贪腐发生以前"刹住车"。

面对即将退休的、处于执政晚期的党员干部，家人要多宽慰他，并加强对其的监督力度，以防其行差踏错，导致晚节不保。家人之间的相互监督也不能放松，不能因为最后的疏忽，而毁了前面的所有努力。

建设清廉家风，防止家庭腐败，保持廉洁本色，是每个党员干部的责任，也是每个党员干部家庭的责任。防腐拒变，需要所有家庭成员共同努力，保持廉洁，是对社会的责任，更是对家人的爱护。